中国编辑学会组编

中国科技之路
水利卷

中宣部主题出版
重点出版物

U0167358

水利民生

本卷主编　王浩

中国水利水电出版社
www.waterpub.com.cn

·北京·

图书在版编目（ＣＩＰ）数据

中国科技之路. 水利卷. 水利民生 / 中国编辑学会
组编；王浩本卷主编. -- 北京 ：中国水利水电出版社，
2021.6（2023.4重印）
ISBN 978-7-5170-9603-0

Ⅰ．①中… Ⅱ．①中… ②王… Ⅲ．①技术史－中国
－现代②水利工程－工程技术－技术史－中国－现代
Ⅳ．①N092②TV-092

中国版本图书馆CIP数据核字（2021）第088919号

内 容 提 要

本书为《中国科技之路》水利卷。水利是我国众多基础行业中与大众生存发展最为
息息相关的古老行业之一。特别是近几十年来，我国水利事业实现了跨越式大发展。本
书以"安全化→生态化→智慧化"为主脉络，以讲好中国水利及其科技创新发展故事为
原则，分别从灾害防御体系、水库大坝建设、水资源配置、农业灌溉发展、泥沙治理调控、
江河开发保护、现代水美工程等七个方面，回顾展示了近百年来中国水利发展的辉煌成绩、
水利科技创新成果及其面向民生的广泛应用，并对未来发展方向进行了前瞻性设想。

本书可供社会经济发展规划、水利水电、生态环境等相关专业从业人员参考使用，
也可供涉水专业院校师生和对水利事业感兴趣的社会大众参考阅读。

中国科技之路 水利卷 水利民生
ZHONGGUO KEJI ZHI LU SHUILI JUAN SHUILI MINSHENG

◆ 组　　编　中国编辑学会
　　本卷主编　王　浩
　　责任编辑　吴　娟　郝　英　朱琳君
　　责任印制　焦　岩
◆ 中国水利水电出版社出版发行　　北京市海淀区玉渊潭南路 1 号 D 座
　　邮　　编　100038　　电子邮件　sales@waterpub.com.cn
　　网　　址　www.waterpub.com.cn
　　北京盛通印刷股份有限公司印刷
◆ 开本：720×1000　1/16
　　印张：16.75　　　　　　　　　　2021 年 6 月第 1 版
　　字数：212 千字　　　　　　　　 2023 年 4 月第 2 次印刷
　　　　　　　　　　定价：100.00 元
　　　　　　　　　北京科水图书销售有限公司销售
　　　　　服务热线：（010）68545888、（010）63202643

《中国科技之路》编委会

水利卷编委会

做好科学普及，是科学家的责任和使命

中国科技事业在党的领导下，走出了一条中国特色科技创新之路。从革命时期高度重视知识分子工作，到新中国成立后吹响"向科学进军"的号角，到改革开放提出"科学技术是第一生产力"的论断；从进入新世纪深入实施知识创新工程、科教兴国战略、人才强国战略，不断完善国家创新体系、建设创新型国家，到党的十八大后提出创新是第一动力、全面实施创新驱动发展战略、建设世界科技强国，科技事业在党和人民事业中始终具有十分重要的战略地位、发挥了十分重要的战略作用。党的十九大以来，党中央全面分析国际科技创新竞争态势，深入研判国内外发展形势，针对我国科技事业面临的突出问题和挑战，坚持把科技创新摆在国家发展全局的核心位置，全面谋划科技创新工作。通过全社会共同努力，重大创新成果竞相涌现，一些前沿领域开始进入并跑、领跑阶段，科技实力正在从量的积累迈向质的飞跃，从点的突破迈向系统能力提升。

科技兴则民族兴，科技强则国家强。2016年5月30日，习近平总书记在"科技三会"上指出："科技创新、科学普及是实现创新发展的两翼，要把科学普及放在与科技创新同等重要的位置"，希望广大科技工作者以提高全民科学素质为己任，"在全社会推动形成讲科学、爱科学、学科学、用科学的良好氛围，使蕴藏在亿万人民中间的创新智慧充分释放、创新力量充分涌流"。站在"两个一百年"奋斗目标历史交汇点上，我国正处于加快实现科技自立自强、建设世界科技强国的伟大征程中。在新的发展阶段，做好科学普及、提升公民科学素质、厚植科学文化，既是建设世界科技强国的迫切需要，也是中国科学家义不容辞的社会责任和历史使命。

为此，中国编辑学会组织 15 家中央级科技出版单位共同策划，邀请各领域院士和专家联合创作了《中国科技之路》科普图书。这套书以习近平新时代中国特色社会主义思想为指导，以反映新中国科技发展成就为重点，以文、图、音频、视频相结合的直观呈现形式为载体，旨在激励全国人民为努力实现中华民族伟大复兴的中国梦而奋斗。《中国科技之路》于 2020 年列入中宣部主题出版重点出版物选题，分为总览卷、信息卷、交通卷、建筑卷、卫生卷、中医药卷、核工业卷、航天卷、航空卷、石油卷、海洋卷、水利卷、电力卷、农业卷、林草卷共 15 卷，相关领域的两院院士担任主编，内容兼具权威性和普及性。《中国科技之路》力图展示中国科技发展道路所蕴含的文化自信和创新自信，激励我国科技工作者和广大读者继承与发扬老一辈科学家胸怀祖国、服务人民的优秀品质，不负伟大时代，矢志自立自强，努力在建设科技强国实现复兴伟业的征程中作出更大贡献。

侯建国

中国科学院院士

《中国科技之路》编委会主任

2021 年 6 月

科技开辟崛起之路　出版见证历史辉煌

2021 年是中国共产党百年华诞。百年征程波澜壮阔，回首一路走来，惊涛骇浪中创造出伟大成就；百年未有之大变局，我们正处其中，踏上漫漫征途，书写世界奇迹。如今，站在"两个一百年"的历史交汇点上，"十三五"成就厚重，"十四五"开局起步，全面建设社会主义现代化国家新征程已经启航。面向建设科技强国的伟大目标，科技出版人将与科技工作者一起奋斗前行，我们感到无比荣幸。

2021 年 3 月，习近平总书记在《求是》杂志上发表文章《努力成为世界主要科学中心和创新高地》，他指出："科学技术从来没有像今天这样深刻影响着国家前途命运，从来没有像今天这样深刻影响着人民生活福祉""中国要强盛、要复兴，就一定要大力发展科学技术，努力成为世界主要科学中心和创新高地。我们比历史上任何时期都更接近中华民族伟大复兴的目标，我们比历史上任何时期都更需要建设世界科技强国！"在这样的历史背景下，科学文化、创新文化及其所形成的科普、科学氛围，对于提升国民的现代化素质，对于实施创新驱动发展战略，不仅十分重要，而且迫切需要。

中国编辑学会是精神食粮的生产者，先进文化的传播者，民族素质的培育者，社会文明的建设者。普及科学文化，努力形成创新氛围，让科学理论之弘扬与科学事业之发展同步，让科学文化和科学精神成为主流文化的核心内涵，推出高品位、高质量、可读性强、启发性深的科技出版物，这是一条举足轻重的发展路径，也是我们肩负的光荣使命，更是国际竞争对我们的强烈呼唤。秉持这样的初心，中国编辑学会在2019年7月召开项目论证会，确定以贯彻落实党和国家实施创新驱动发展战略、建设科技强国的重大决策为切入点，编辑出版一套为国家战略所必需、为国民所期待的精品力作，展现我国科技实力，营造浓厚科学文化氛围。随后，中国编辑学会组织了半年多的调研论证，经过数番讨论，几易方案，终于在2020年年初决定由中国编辑学会主持策划，由学会科技读物编辑专业委员会具体实施，组织人民邮电出版社、科学出版社、中国水利水电出版社等15家出版社共同打造《中国科技之路》，以此向中国共产党成立100周年献礼。2020年6月，《中国科技之路》入选中宣部2020年主题出版重点出版物。

《中国科技之路》以在中国共产党领导下，我国科技事业壮丽辉煌的发展历程、主要成就、关键节点和历史意义为主题，全面展示我国取得的重大科技成果，系统总结我国科技发展的历史经验，普及科技知识，传递科学精神，为未来的发展路径提供重要启示。《中国科技之路》服务党和国家工作大局，站在民族复兴的高度，选择与国计民生息息相关的方向，呈现我国各行业有代表性的高精尖科研成果，共计15卷，包括总览卷、信息卷、交通卷、建筑卷、卫生卷、中医药卷、核工业卷、航天卷、航空卷、石油卷、海洋卷、水利卷、电力卷、农业卷和林草卷。

今天中国的科技腾飞、国泰民安举世瞩目，那是从烈火中锻来、向薄冰上履过，其背后蕴藏的自力更生、不懈创新的故事更值得点赞。特别是在当今世界，实施创新驱动发展战略决定着中华民族前途命运，全党全社会都在不断加深认识科技创新的巨大作用，把创新驱动发展作为面向未来的一项重大战略。基于这样的认识，《中国科技之路》充分梳理挖掘历史资料，在内容结构上既反映科技领域的发展概况，又聚焦有重大影响力的技术亮点，既展示重大成果、科技之美，又讲述背后的奋斗故事、历史经验。从某种意义上来说，《中国科技之路》是一部奋斗故事集，它由诸多勇攀高峰的科研人员主笔书写，浸透着科技的力量，饱含着爱国的热情，其贯穿的科学精神将长存在历史的长河中。这就是"中国力量"的魂魄和标志！

《中国科技之路》的出版单位都是中央级科技类出版社，阵容强大；各卷均由中国科学院院士或者中国工程院院士担任主编，作者权威。我们专门邀请了著名科技出版专家、中国出版协会原副主席周谊同志以及相关领导和专家作为策划，进行总体设计，并实施全程指导。我们还成立了《中国科技之路》编委会和出版工作委员会，组织召开了20多次线上、线下的讨论会、论证会、审稿会。诸位专家、学者，以及15家出版社的总编辑（或社长）和他们带领的骨干编辑们，以极大的热情投入到图书的创作和出版工作中来。另外，《中国科技之路》的制作融文、图、音频、视频、动画等于一体，我们期望以现代技术手段，用创新的表现手法，最大限度地提升读者的阅读体验，并将之转化成深邃磅礴的科技力量。

2016 年 5 月，习近平总书记在哲学社会科学工作座谈会上发表讲话指出，自古以来，我国知识分子就有"为天地立心，为生民立命，为往圣继绝学，为万世开太平"的志向和传统。为世界确立文化价值，为人民提供幸福保障，传承文明创造的成果，开辟永久和平的社会愿景，这也是历史赋予我们出版工作者的光荣使命。科技出版是科学技术的同行者，也是其重要的组成部分。我们以初心发力，满含出版情怀，聚合 15 家出版社的力量，组建科技出版国家队，把科学家、技术专家凝聚在一起，真诚而深入地合作，精心打造了《中国科技之路》，旨在服务党和国家的创新发展战略，传播中国特色社会主义道路的有益经验，激发全党、全国人民科研创新热情，为实现中华民族伟大复兴的中国梦提供坚强有力的科技文化支撑。让我们以更基础更广泛更深厚的文化自信，在中国特色社会主义文化发展道路上阔步前进！

中国编辑学会会长

《中国科技之路》编委会主任

2021 年 6 月

本卷前言

水利兴而天下定，天下定而人心稳。兴水利除水害历来是治国安邦的大事。中华民族的文明发展史几乎就是一部治水史。这在世界上是独一无二的。我国古代修建的郑国渠、都江堰、灵渠、京杭大运河等大批水利工程，至今仍在发挥效益，充分展示了劳动人民的杰出智慧，也有力表明了科技在推动治水事业发展进步中的巨大与长远作用。中国共产党建党百年来，特别是新中国成立以来，伴随我国科技进步，水利事业取得了举世瞩目的辉煌成就。

党和国家高度重视水利工作，始终坚持以人民为中心，将实现人民对美好生活的向往作为奋斗目标，带领全国人民开展了气壮山河的水利建设。广大水利科技工作者胸怀祖国、一心为民、勇攀高峰、集智攻关，把防汛抗洪减灾和水安全放在发展的首位，追求水与生态的和谐相融，不断运用和创新现代信息技术，将我国建设成为屹立世界的水利大国和水利强国。

回首过往，我国已建设了各类水库近10万座，高坝数量居世界首位；筑就了总长度32万公里的江河堤防，可绕赤道8圈；建成了目前世界上最大的水利枢纽工程——三峡工程；以占全球6%的淡水资源，解决了全球1/5人口的用水问题；构筑了以水土保持、水源涵养为主要功能的绿色生态屏障，让黄土高原披上了绿装……特别是党的十八大以来，建成了一批跨流域跨区域重大引调水工程，其中南水北调东、中线一期主体工程建成通水以来，累计调水 400 多亿立方米，直接受益人口达 1.2 亿人，切实提高了人民群众的获得感、幸福感和安全感。我们编写此书，旨在从科技的角度系统梳理总结在党的领导下，中国水利科技发展的足迹和取得的成果，并以此庆祝党的百年华诞。

本书以"安全化→生态化→智慧化"为主脉络，力求用科普的语言讲述中国水利科技故事。全书由三部分组成：第一部分由古至今梳理我国水利的发展历程，扼要介绍"安全化""生态化""智慧化"的体现和科技支撑；第二部分从灾害防御体系、水库大坝建设、水资源配置、农业灌溉发展、水沙调控、河流综合治理、现代水美工程七个方面，展示各领域突出成就、重点科技创新成果和服务民生取得的成效；第三部分面向新时期水利高质量发展愿景，展望智慧水利的工作框架和宏伟设想。

众人拾柴火焰高，集体智慧利创新。全书的编纂凝聚着所有参编人员的心血。本书由中国水利水电科学研究院王浩院士团队牵头组织，得到了众多单位的鼎力支持。感谢中国自然科学博物馆学会理事长、中国科协原副主席程东红同志和中国科普研究所王挺所长，为本书科普化写作派出了精兵强将，做出了卓有成效的工作。感谢中国南水北调集团有限公司、中国长江三峡集团有限公司、塔里木河流域管理局、长江勘测规划设计研究院、黄河勘测规划设计研究院有限公司、北京大学建筑与景观设计学院、中国水环境集团有限公司等单位及其派出机构给予的大力支持。感谢水利部及其派出机构、各事业单位，特别是中国水利水电科学研究院诸多专家同仁给予了本书写作最有力的支持与帮助。特别感谢中国水利水电出版社为本书出版付出日夜辛苦的全体同仁。在此，对为本书编写提供帮助的所有单位和同仁一并表示最诚挚的谢意！

经过一年多的努力，本书终于正式付梓。限于时间和水平，挂一漏万在所难免，恳请广大读者批评指正！

本卷编委会

2021 年 6 月

王浩院士解读
《水利民生》

目　录

第一篇

水利民生的科技之路纵览

第二篇

世界水利看中国
——领先世界的水利水电关键技术

第三篇

智慧水利护航未来

第一篇
水利民生的科技之路纵览

水利兴而天下定，天下定而人心稳。

中国是一个水利大国，也是一个水利古国。中国的水利活动绵延数千年，古代劳动人民修建了郑国渠、都江堰、灵渠、大运河等大批水利工程，对经济社会发展起到了重要作用，有些工程至今仍在发挥效益。兴水利除水害历来是治国安邦的大事。

不过，我国真正意义上的现代水利则是从近代开始的，距今仅百余年。新中国成立以来，党和政府一直高度重视水利建设。毛泽东主席曾亲笔题写"一定要根治海河""一定要把淮河修好"，并多次视察黄河、长江。在中国共产党的坚强领导下，全国人民自力更生、艰苦奋斗，开展了大规模的治水斗争，取得了举世瞩目的水利建设成就。

当前，中国特色社会主义进入新时代，水利改革发展面临新形势、新任务、新要求。根据党中央提出的"节水优先、空间均衡、系统治理、两手发力"的治水思路，水利科技工作者将继续深入贯彻"节水优先"这一理念，围绕水利基础设施完善与管理创新、水资源优化配置与水旱灾害防御能力提升、智慧水利深入推进等，献计献策，助力水利民生，建设水利强国。

一、水利与中国

乾隆年间的大禹治水图

中国是世界上水情最复杂、江河治理难度最大、治水任务最为繁重的国家，特定的自然环境决定了治水是中华民族求生存、求发展的必然选择。

人与水有着密切关系。考古发现证明，全国几乎每条江河、每个湖泊流域和每处宜牧草原，都有先民活动的遗迹。由于这些遗迹都分布在江河湖泊等水源附近，史学家将原始社会人类分布看作是水源分布的共生相。而有关水利活动的历史，至少可追溯到七千多年前。今河南、山西、陕西、浙江等地，都发现人类主动取水或排水的遗迹。距今四千年左右，大禹治水开启了华夏文明的新篇章。华夏民族的治水，与农业生产有着极为密切的关系，大禹治水的传说中就有"尽力乎沟洫""陂障九泽、丰殖九薮"等农业水利内容。有关水利的文字记载，始于

芍陂蓄水工程

公元前 1600—前 1100 年商代实行的井田制，殷墟甲骨文里就有了关于水的文字记载。

春秋战国时期，已有专门负责水利的官员。当时的代表性工程如楚国在今安徽修建的大型蓄水灌溉工程芍陂，秦国蜀郡守李冰主持修建的都江堰，以及郑国在今陕西修建的郑国渠等，都至今犹存，闻名于世界。

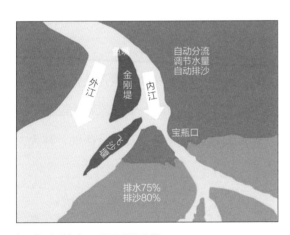

都江堰水利枢纽工程原理示意图

秦汉至清代，我国经历了三次统一与和平时期，带来了三次水利的大发展和人口的大增长。

第一次是秦汉时期。统一政权的建立，为统一治理江河创造了条件。秦始皇对江河堤防实行"决通川防，夷去险阻"，使黄河流域得到很大开发，当时的代表性工程——郑国渠是关中地区的大型引水灌溉工程。之后，西汉

郑国渠遗址

期间又增建了白渠,与郑国渠统称郑白渠。《汉书·沟洫志》记载了当年广泛流传的一首民谣:"田于何所?池阳谷口。郑国在前,白渠起后。举臿为云,决渠为雨。泾水一石,其泥数斗,且溉且粪,长我禾黍,衣食京师,亿万之口。"之后又修建了引渭水的成国渠和引洛水的龙首渠。《史记·货殖列传》中说,关中土地只有全国的 1/3,人口不过 3/10,而财富却为全国的 6/10。为了开拓岭南,秦代在公元前 219—前 214 年修建灵渠,使湘漓通航。为了巩固边防,自汉代起,在西北开始屯边垦殖,开发青海的湟水流域、宁夏的河套地区及甘肃的河西走廊。

第二次是隋唐宋时期。长江流域和东南沿海得到大规模开发,并修通了沟通南北的大运河,全国人口发展到近亿。唐朝时期,长江流域大规模开垦荒地,兴建大量圩垸,荆江和汉江的堤防增多,塘堰灌溉遍及各地,并大力

成国渠遗址

龙首渠支渠遗址

推广提水灌溉，扩大了农田灌溉面积，提高了农作物的单位面积产量，使长江流域成为唐朝中后期赋税收入的重点地区，其下游太湖流域的赋税收入超过黄河流域。所谓"苏湖熟，天下足"，"国家根本，仰给东南"。北宋时期颁布的《农田利害条约》，是我国第一部比较完整的农田水利法。此后全国掀起农田水利建设高潮，"四方争言农田水利，古陂废堰，悉务兴复。"

　　第三次是元明清时期。水利在全国范围进一步发展，到 1840 年，全国人口已达 4.1 亿人，耕地面积达到 11 亿多亩，平均亩产 100 多斤，复种指数 110% 以上。这一时期的水利工程建设以沟通南北的京杭大运河的兴建而彪炳史册。确保漕运使这一时期的黄河防洪工程建设和管理面临更为严峻的挑战。滨海（江）岸地区防御潮灾的工程——海塘在明清时期有大的发展，最著名的是浙东钱塘江的重力结构的鱼鳞大石塘，建成迄今三百多年一直捍卫着浙江东部濒海平原。在灌溉与排水工程方面，水利工程向偏远的边疆和山区发展。元代由于军事需要，屯田规模超过宋代，不仅在西北，而且在东北和西南边疆，都发展了灌溉。长江的主要干堤，如荆江大堤、武汉市

全国重点文物保护单位——钱塘江海塘

堤等，都是在明清时期形成的。洞庭湖区的筑堤围垦，在明清进入极盛期，明代圩垸一二百处，清代四五百处。康熙和雍正年间，拨专款修筑湖广堤圩。所谓"湖广熟，天下足"，就是当时盛况的反映。珠江流域的堤圩，自明清以来也迅速发展，使珠江三角洲成为南方的重要经济区。

19世纪后期,西方近代科学技术传入中国。1915年,我国第一所水利专科学校——河海工程专门学校(今河海大学)在南京成立。1917年以后,长江、黄河等流域相继设立水利机构,开展流域内水利发展的规划和工程设计工作。1930年,由李仪祉先生主持,开始用现代技术修建陕西省泾惠渠,以后又相继兴建了渭惠渠、洛惠渠等工程。

河海工程专门学校

二、百年探索

20 世纪初，流域性大洪水和区域大旱频发，水旱灾害给贫弱的中国造成了极大的冲击，也唤起了人们对水利问题的关注。中国共产党成立 100 年来，始终把治水兴水摆在事关国家发展全局的战略位置，历代水利工作者兢兢业业、风雨兼程、砥砺前行，掀起了大规模治水高潮，绘就了兴水惠民的水利画卷。

最美水利人——
陈厚群院士

100 年来，中国水利始终走安全发展之路。在大规模水利建设环境影响日渐显现之际，我国水利建设与科研技术人员在安全基础上更加强调生态健康、环境友好，生态型水利成为 20 世纪末以来水利发展与科技研发的又一行动准则。21 世纪以来，中国水利秉持安全、生态的发展理念，在智慧化之路上不断开拓前进。

100 年来，中国水利科技实现了由弱到强、由追赶世界到全球领先的辉煌历程，谱写了安全化、生态化、智慧化的中国水利发展三部曲。

（一）安全化：一切为了安全，一切源于安全

水是生命之源，也是灾害风险之源。水利工作的重心是趋利避害，保障人民群众生命财产安全。我国水利工作坚持水源涵养、水土保持与开发利用并重，修建防洪水库与江河堤防，建设蓄滞洪区与海绵流域，抵御洪水灾害，降低水旱灾害带来的生命财产损失。

新中国修建的第一座大型水库——官厅水库

我国是世界上水土流失最严重的国家之一，水土流失是水土资源安全的重要威胁。党和政府高度重视水土保持工作，先后启动了黄河中游、长江上游、黄土高原淤地坝、退耕还林还草、山水林田湖草生态保护修复等一系列重大水土保持工程，治理范围覆盖全国主要流域，发挥了重要的水源涵养作用。其中，退耕还林还草工程累计实施 5.08 亿亩，涵养水源总量相当于三峡水库的最大蓄水量；昔日"山是和尚头、水是黄泥沟"的黄土高坡，如今变成了山川秀美的"好江南"，实现了山川大地由"黄"变"绿"的历史性转变。

水旱灾害防御事业不断发展，维护江河安澜、生命安全和供水安全。在防御理念上，坚持防汛抗旱并举，实现由控制洪水向洪水管理转变，由单一抗旱向全面抗旱转变。在防御体系建设上，建设各类水文站 12 万余处，形成了覆盖大江大河和中小河流的水文监测站网和预警预报体系,覆盖防洪保护区面积约 42 万平方公里;建成了防洪抗旱减灾工程体系,全国 5 级以上的江河堤防长度超过 30 万公里;不断完善重大骨干水源工程、农村饮水安全工程、灌区工程、小型农田水利建设,供水保障能力明显提高,可基本保证中等干旱年份城乡供水安全。

此外,我国还通过修建供水水库与输配水设施,发展节水型社会与节水农业,调节和保障供用水安全;开展灌区续建配套与节水改造,持续推进高效节水灌溉,稳步提高农业灌溉效益和效率,有力保障供水安全和粮食安全。

(二)生态化:治水修复生态,建设生态文明

随着水利开发建设运营的持续深入与全球气候变化,河流断流、生态植被萎缩、水环境恶化等一系列水生态环境问题逐渐显现,生态化治水成为新课题。

如何在经济社会发展取用水与维系生态环境健康需水之间保持平衡?如何尽快修复因水问题而受损的生态环境系统?面对这些难题,水利科研工作者努力研发生态水文理论方法和关键技术,支撑了黄河调水调沙与生态调度、塔里木河流域近期综合治理、黑河与石羊河生态环境综合治理、太湖流域水环境综合治理、华北平原地下水超采治理、永定河生态治理等系列重大水生态工程的建设实施,在减缓生态影响、恢复受损生态系统及其服务功能、营造水利生态景观等方面成效显著。

针对北方断流河道的生态修复以及各类河流生物的生境恢复难题,通过制度创新、统一管理、联合调度,研发了梯级调度、鱼类增殖、升鱼机/渡鱼电梯等关键技术及设备。黄河流域开展流域统一调度,实现了黄河干流连续 21 年不断流,流域生态环境持续改善。通过综合治理,断流 32 年的塔

里木河下游恢复了生机，有效阻止了库木塔格与塔克拉玛干两大沙漠合拢；黑河、石羊河流域人－水－生态和谐发展，有效挽救了河西走廊濒临崩溃的生态系统。

为加速山清水秀的美丽中国建设进程，在南方、东北及京津冀等地区开展了国家重大水专项与水生态文明等系列攻关、示范与试点工程。依靠科技创新，攻克水体污染控制与治理关键难题，有效控制水体污染、改善水生态环境、保障饮用水安全。太湖流域连续 11 年实现"两个确保"（确保饮用水安全、确保不发生大面积湖泛），自然湿地保护率达到 48.1%，并建成了全国最大的环保模范城市群和生态城市群。一幅幅美丽生态画卷正在江苏苏州、广西桂林、浙江湖州、福建长汀等中华大地徐徐展开。

（三）智慧化：衍生智慧大脑，助力强国水利

长期以来的人工巡查、手抄录入、事后分析的水利管理方式，已难以满足经济社会发展对江河及水利工程安全高效运行的要求，高效快捷的管理逐渐成为中国水利事业发展要解决的短板。2003 年，水利部正式印发的《全国水利信息化规划（"金水工程"规划）》，成为第一部全国水利信息化规划。从"十一五"开始，水利信息化发展五年规划成为全国水利改革发展五年规划的重要专项规划。

党的十九大报告明确提出把"智慧社会"作为建设创新型国家的重要内容。智慧水利是智慧社会的重要组成部分，也是水利信息化发展的新阶段。2018 年中央一号文件明确提出实施智慧农业林业水利工程；2019 年水利部印发系列指导性文件。《中华人民共和国国民经济和社会发展第十四个五年规划和 2035 年远景目标纲要》也提出构建智慧水利体系。

随着 4G、5G 和 AI 等技术的成熟与蓬勃发展，日积月累的海量数据和前期信息化基础，使精细分析、提前预警、实时决策等智慧化成为可能。依托国家防汛抗旱指挥系统工程、国家水资源监控能力建设等重大项目，我国初步建成了水利基础设施云，形成了河流、测站、蓄滞洪区、水库、灌区等约 1100 万个对象的基础信息数据库，以及水文、水资源、农村水利、水土保持等业务数据，形成元数据库、资源目录和数据横向纵向共享机制。

深圳、贵州等地初步建设了"空天地"立体大感知体系，打造水务万物互联平台；初步建成了全国"空天地"一体化水利感知网，重要江河湖泊水文测站覆盖率和水库水雨情自动监测覆盖率均超过 95%，大中型水库安全监测覆盖率超过 90%，物联网、无人机、遥感技术等得到全面应用。

三、科技领航

（一）面向安全的水利科技

1. 江河安澜，不断完善的洪涝灾害防御技术与应用

江河堤防关乎人民生命财产安全，党和政府对此高度重视。我国江河堤防建设坚持传统经验与科技创新相结合，注重施工效率与工程质量，减少土地占用，有力防御了江河洪水。

荆江大堤

在垂直防渗工程施工方面，创造了薄壁抓斗造墙、拉槽法地下连续薄混凝土防渗墙等技术；在防护工程施工技术方面，创造了土工格室碎石土生态护坡技术、四面六边透水框架群固岸技术等；在施工质量控制方面，创造了实时、智能、全程的精细化土石堤防填筑施工监控技术。

例如，在长江中下游形成了以堤防为基础，三峡水库为骨干，其他干支流水库、蓄滞洪区、河道整治工程以及平垸行洪、退田还湖等相配套的防洪工程体系，40多座水库联合调度，防御了新中国成立以来实际发生的多次洪水。目前，长江中下游堤防加高加固项目完成达标，流域现有堤防总长超6.4万公里。

2. 高坝大库，领衔世界的综合水利枢纽建设与调度技术

以大坝为核心的水利枢纽最能体现水利建设的技术水平，三峡和小浪底水利枢纽，以及小湾、锦屏一级等一批水利水电重大工程，实现了100米级、200米级和300米级高坝建设的多级跨越；巨型水力发电设备设计制造水平处于国际领先地位，白鹤滩水电项目的单机容量达100万千瓦，是当今世界上水电站中单机容量最大的水电机组，且具有完全自主知识产权。

"高峡出平湖，当惊世界殊。"1994年开工建设、2020年整体竣工并验收完成的三峡水利枢纽，堪称"大国重器"，在多个方面走在世界前列。三峡电站总装机容量为目前世界最大，三峡大坝是世界上规模最大的混凝土重力坝，三峡垂直升船机是世界上规模与技术难度最大的垂直升船机。

三峡大坝全貌

乌东德水电站在建设过程中，取得了一批首创或行业领先的创新成果。例如，构建的米级精准勘察技术，使建基面开挖成果和预期完全一致，边界线相差在1米以内；"静力设计、动力调整"的特高拱坝体形控制技术，大幅提升

大坝混凝土浇筑
智能温度控制
技术

大坝抗震性能；"高保证、低风险、强安全"的特高拱坝温控防裂技术，使乌东德大坝成为真正意义上的"无缝大坝"。

3. 调水调沙，领先世界的水沙调控技术

我国是世界上水土流失最严重的国家之一，伴随着水土流失的泥沙成为水安全的重大隐患之一。目前，我国在大江大河水沙调控体系的研究和实践、水库泥沙减淤技术等方面，均处于国际领先地位。

在泥沙治理方面，我国先后提出了非均匀悬移质不平衡输沙、异重流等理论，提出了针对不同河流泥沙运动治理的解决路径。在实践中，还研发了许多实用的泥沙治理技术，如三门峡水利枢纽改建及泥沙处理技术，水库蓄清排浑运用方式与河道响应及治理，三峡水库和下游河道泥沙模拟与调控技术等，基于这些技术创新形成了"上游拦沙、水库排沙、库区泥沙综合利用"的水库防淤减淤组合措施，取得了显著的社会、经济和环境效益。

黄河小浪底水库调水调沙

针对不同时期、不同水沙条件，我国因地、因时制宜采取不同减淤排淤方式，确保黄河流域众多水库的安全长效运行。三门峡水库完成两次改建后采用"蓄清排浑"方式，汛期采用低壅水条件下的壅水明流排沙方式；小浪底水库采取壅水明流排沙方式，排沙效果显著。

研究发现，长江流域的三峡水利枢纽沙峰与洪汛具有异步传播特征，为此水利人在汛期充分利用库区洪峰和沙峰传播时间差进行调水调沙，使三峡水库从蓄水开始至 2019 年，其有效库容损失仅为 0.6%，效果举世瞩目。

（二）面向生态的水利科技

1. "自然－社会"二元水循环理论，引领水资源配置与调控

为将有限的水资源在生态环境与社会经济之间、不同的地域空间之间、不同的经济产业部门用水户之间进行科学合理的分配，我国水利人创造性提出了二元水循环理论模式及调控技术体系，其研究与实践水平居于国际领先地位。2014 年，"流域水循环演变机理与水资源高效利用"成果获国家科技进步奖一等奖。"自然－社会"二元水循环理论，被国际水文十年计

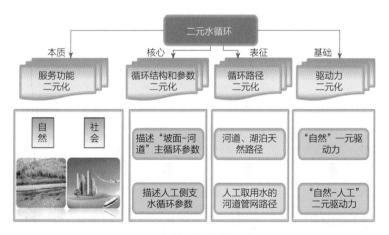

"自然－社会"二元水循环模式简图

划（IAHS-IHD Panta Rhei，2013—2022）定为 2013—2022 年的唯一发展方向，已成为国际水文学界水循环研究与水资源高效利用调控的主要理论方法。

基于二元水循环理论，提出了合理协调"社会经济－水资源－生态环境"之间相互关系的水资源配置理论，形成了"四横三纵、南北调配、东西互济"的国家水资源配置格局、调控技术与工程体系。

2. 长距离跨流域调水工程建设与运行关键技术，进入世界先进行列

长距离跨流域调水工程建设与运行是解决水资源配置空间均衡的重要措施，我国调水工程建设与运行技术已进入世界先进行列。历经半个多世纪，目前，我国建成的南水北调东线、中线一期工程，直接受益人口超 1.2 亿人，是世界上覆盖区域最广、调水量最大、工程实施难度最高的"超级工程"，有效缓解了我国北方地区水资源紧缺、生态环境劣化等诸多问题。在此过程中，还建成了世界上规模最大、大型泵站数量最集中的现代化泵站群，解决了诸如东线工程治污、丹江口大坝加高、中线穿黄工程及膨胀土处理等国际难题。

南水北调穿黄工程

3. 面向生态的水资源高效利用技术，打造"山水林田湖草"生命共同体

水资源高效利用是解决水资源紧缺的核心措施。面向生态的水资源高效利用主要包括水资源工程建设中的生态环境调控、水资源利用过程中生态环境与高效利用双赢问题。目前，我国生态、水利科研与实践取得了重大进展，其中"生态节水型灌区建设关键技术及应用"获 2016 年度国家科技进步奖一等奖。

在水电建设与运营中，研发应用了河流生境连通性、生态流量泄放、河势河态生境修复、生态廊道构建、水库（联合）生态调度等关键技术。在长江流域，有效促进了川渝河段、宜昌—监利江段、汉江中下游等不同区域特定鱼类的自然繁殖；对下游断流的黄河流域、塔里木河流域，实施了以水资源统一管理与调度为核心的生态修复工程，不仅实现了不断流，还形成了大量湿地，较好地恢复了河流生态系统功能，鸟类和植物物种也不断增加。

台特玛湖生态
修复

塔里木河下游河流恢复后的台特玛湖湿地

在节水灌溉方面，精量滴灌、变量喷灌、精细地面灌溉等更为精准的生态型节水灌溉技术得到发展应用，形成了东北节水增粮、华北节水压采、西北节水控盐、南方节水减排等区域节水灌溉技术模式。全国有效灌溉面积从新中国成立之初的 2.4 亿亩持续增长到 2020 年的 11.1 亿亩，其中节水灌溉工程面积达 5.56 亿亩，使中国以全球约 6% 的淡水资源和 9% 的耕地，解决了全球近 1/5 人口的温饱问题。近年来，按照"山水林田湖草"生命共同体理念，我国正在全力建设生态、智慧、高效的新时代农田水利工程体系。

节水灌溉

（三）面向未来的智慧水利展望

智慧水利作为治水需求和信息化进程并行发展到一定阶段的产物，正在被许多国家视为解决区域水问题的重要途径。面向未来、面向民生，我国水利事业在继续做好安全、生态的基础上，将又好又快地迈入智慧新时代。

1. 智慧水利，新时代水利高质量发展的显著标志

服务民生的水利事业是智慧社会的重要组成部分，智慧水利是水利高质量及信息化发展的新阶段。立足新的历史起点，瞄准全面建成小康社会的宏伟目标，亟须推进国家水治理体系和治理能力现代化建设，水利信息化必须抢抓发展机遇，探索转型升级，进入智慧水利的新发展阶段。智慧水利建设不仅是信息技术的广泛应用，还是水利管理理念和方式的变革、发展模式的升级扩展，更是全面提升我国治水能力现代化的重要抓手。

2. 前期储备，奠定智慧水利领跑发展基础

我国建设了覆盖主要江河湖库、空间分布基本合理、监测项目比较齐全、具有相应功能的水文监测站网体系；研发推广了水文气象全要素监测、水文模拟与洪水预报实时校正、旱情预警预报与风险评估等系列关键技术；建设了集成水情自动测报、洪水作业预报、山洪灾害监测预警、旱情监测预警等系统/平台的国家防汛抗旱指挥系统体系；初步建成了包含各类对象基础信息数据库和水利基础设施云，以及数据横向、纵向共享机制，在发挥信息提供、预报分析、抢险救灾与调度决策技术支撑等作用的同时，也为我国智慧水利建设奠定了良好基础。当前，浙江、广东、福建等地，正在开展以空间均衡和高效利用为核心的国家水物理网、以全面感知和智能辅助决策为核心的国家水信息网、以科学决策和精准控制为核心的水管理网等"三网合一"的"国家智能水网工程"建设试点，并在智慧水利服务平台、城乡供水与水系科学调度系统等方面取得了较好进展。

面向新时代，为系统解决我国复杂的水安全问题，基于水物理网、水信息网和水管理网建设技术的各自特点，探索提出了"3+3+3"关键技术体系，即 3 项水物理网建设、3 项水信息网建设和 3 项水管理网建设

的关键技术体系。

3. 前景光明，智慧水利仍需继续夯实基础并创新突破

目前，我国智慧水利发展已经取得了较好的成绩，但还存在全面感知不够、互联差距大、数据共享不足、智慧化不够等问题，在关键技术方面亟待创新突破。下一步，智慧水利发展将以感知化、互联化、智能化为特征，以智慧化为目标，按照云端、边缘端、终端"三端"协同，数据中心、模型中心、控制中心、服务中心"四中心"联动的云计算总体构架，云端协调各边缘端进行终端服务，通过万物感知、万物互联获取数据，并在机理模型、数据模型双引擎驱动下，对数据进行融合清洗、梳理挖掘、归因可视化，形成"数据变成信息、信息汇聚知识、知识形成智慧、智慧解决问题、数字多生超生"的水利大数据闭环同化过程，实现"实时监测－预警预报－科学调控－评估反馈－改善监测"的智慧水利调控目标，将新时代水利事业打造成迭代升级、循序进化的生命体，保障我国持久水安全、优质水资源、宜居水环境、健康水生态的人水和谐局面。

第二篇
世界水利看中国
——领先世界的水利水电关键技术

水是生命之源，生产之要，生态之基。作为最古老的行业之一，水利始终是最贴近民生的事业。近百年来，在中国共产党的正确领导下，政府高度重视水利工作，我国水利事业取得了举世瞩目的成就。

我国的水利工程在规模和速度上均居世界前列：建成了世界最长的江河堤防，总长度可绕赤道8周；建成了世界上规模最大的近10万座水库大坝，水电总装机容量3.58亿千瓦，年发电量1.25万亿千瓦时（折合标准煤约4.5亿吨）；建成了世界上面积最大的灌区，大中型灌区7800多处，农田有效灌溉面积11.1亿亩。近百年的中国水利，以理论创新、科技研发和安全应用为支撑，在洪旱灾害防御、能源安全、供水安全和粮食安全等方面取得了突出成绩。

我国水利发展在治水修复生态、建设生态文明方面，也取得举世瞩目的成就：提出了领先世界的泥沙调控理论与关键技术，调水调沙实践让世界泥沙最严重的国家走向海晏河清；让黄土高原和西北地区披上"绿装"，使一度断流的黄河、塔里木河等北方河流重现生机；创造了世界上规模最大、最复杂的水库群网梯级调度与联合调峰，取得绿色能源生产与水畅鱼欢的双赢；展开了生态流域、海绵城市、智慧水利、水生态文明等一幅幅"美丽中国"画卷。

本部分将从灾害防御体系、水库大坝建设、水资源配置、农业灌溉发展、水沙调控、河流综合治理、现代水美工程等7个方面，分别介绍近百年来我国水利发展及其科技支撑。

一、江河安澜——科学完善的
水旱灾害防御体系

王浩院士谈
水旱灾害防御

洪水与干旱发生频次高，影响范围广，是世界上造成死亡人口最多的自然灾害，严重危害人类生存与发展。从空间分布来看，亚洲历来是受自然灾害最重的区域。联合国 2020 年 10 月发布的《人类灾害损失 2000—2019 年》报告中指出，受灾人口排名前 10 的国家中亚洲占 7 个，排在前 2 名的是中国和印度。

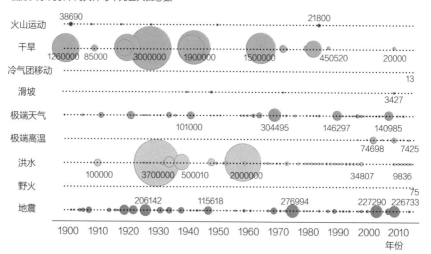

全球自然灾害死亡人口（1900—2016 年）

国际组织一项关于全球自然灾害死亡人口（1900—2016 年）的统计资料显示，1931 年全球因洪灾死亡 370 万人，1928 年全球因旱灾死亡 300 万人，1979 年全球因极端天气（飓风、台风、旋风、龙卷风）死亡 30.4 万人，1976 年全球因地震死亡 27.7 万人。重大水旱灾害因易于伴生饥荒与瘟疫，灾情最重年份的死亡人口，比风灾和地震高出了一个数量级。

我国地域辽阔，94.1% 的人口和绝大多数城市都分布在胡焕庸线❶东侧 43.8% 的国土上，与易洪、易涝风险区相重合，这是我国洪涝灾害影响人口多、灾情重的根本原因。

新中国成立以来，中国共产党广泛发动群众，艰苦奋斗，借助蓬勃发展的水利科学知识与工程技术手段，大规模兴库筑堤，整治河道，建设灌区，开采地下水源，发展喷灌、滴灌，乃至跨流域调水引水等；同时，建立起相应的水文监测、预报、预警、工程调度与决策支持系统，逐步形成了与经济社会发展水平及需求相应的水旱灾害防治体系。

改革开放以来，水旱灾害防治问题与水资源短缺、水环境污染、水生态退化等问题交织在一起，灾害风险特性变得更为复杂，国民经济持续平稳发展对水安全保障提出了更高的要求。随着三峡、小浪底、临淮岗、尼尔基等一批控制性水利枢纽陆续建成，长江、黄河等各大江河干堤加固达标，以及南水北调东中线等一批跨流域调水工程投入运营，我国基本具备了抵御 20 世纪特大水旱灾害的能力，受洪灾影响和死亡的人口均呈明显下降趋势。

回顾近百年我国防洪抗旱的发展历程，广大水利工作者始终直面治水的巨大压力与挑战，从自身国情、区情出发，走出了引进、消化、吸收、再创新和自主创新相结合的水旱灾害防御之路。

本部分将结合我国水旱灾害治理历程，较为全面系统地展示我国在水旱

---

❶ 胡焕庸线是中国地理学家胡焕庸（1901—1998）在 1935 年提出的划分中国人口密度的对比线。这条线从黑龙江省瑷珲（1956 年改称爱辉，1983 年改称黑河市）到云南省腾冲，大致为倾斜 45 度基本直线。线东南方 36% 的国土居住着 96% 的人口，以平原、水网、丘陵、喀斯特和丹霞地貌为主要地理结构，自古以农耕为经济基础；线西北方人口密度极低，是草原、沙漠和雪域高原的世界，自古就是游牧民族的天下。胡焕庸线划出了两个迥然不同的自然和人文地域。

灾害防御方面的科技成就，按照"源头安澜→河道安澜→蓄滞洪区安澜→城市安澜→入海（河）安澜"的中国水旱灾害治理防御思路及"安全化→生态化→智慧化"的发展路径，从调节江河汇流的源头水土保持与水源涵养开始，到汇流至大江大河河道后的江河洪灾防御，再到山洪灾害防治技术，再延伸到城市风暴潮与内涝防治关键技术与成就，并特别介绍我国在水旱灾害防御方面的抢险设备及技术、防御关口提前的水文监测预报与洪水风险预警技术，最后介绍集监测预警与实时指挥调度的干旱灾害防御关键技术。

（一）水源涵养调节河道汇水

水土资源和生态环境是人类赖以生存与发展的基础，水土流失和环境退化已成为威胁这一基础的重大因素。我国是世界上水土流失最严重的国家之一，具有面积广、强度高、成因复杂、类型多样、危害巨大等突出特点。水源涵养是治理水土流失的重要措施，也是江河安澜的第一道防线，具有改善水文状况，调节区域水分循环，防止河流、湖泊、水库淤塞以及保护饮水水源等作用。

水源涵养能力与植被类型、盖度、枯落物组成、土层厚度及土壤物理性质等因素密切相关。相关研究表明，2010年全国生态系统水源涵养总量约为12224亿立方米，总体上呈现东南高西北低、由东到西逐渐递减的特征。其中，森林是我国生态系统水源涵养的主体，其水源涵养量占全国水源涵养总量的60.8%。森林通过树冠层、枯枝落叶层对降雨的截留和土壤层大量蓄水减少地表径流，当土壤水分达到饱和时，一部分水以土内径流的形式流入河道，既延长了汇水历时，又减少了地表径流量，在洪水期可以起到削减洪峰流量的作用。

伴随着经济社会发展，人口快速增长，资源需求进一步增大，生态环境受到一定的冲击。为缓解发展的压力，在全国范围内开展了一系列的生态保护与恢复工程，如天然林保护、退耕还林还草、京津风沙源治理等，取得了显著效果。以黄土高原水土流失治理、水源涵养工作为例，该地区一直是我国水土保持工作的重点，截至 2018 年，黄土高原植被覆盖度由 20 世纪 80 年代总体不到 20% 增加到 63%，主色调已经由"黄"变"绿"，水土流失严重状况得到了有效控制。

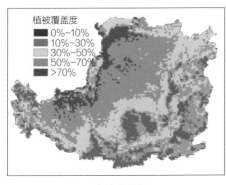 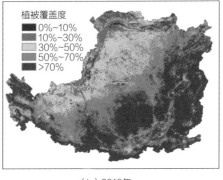

（a）1982年　　　　　　　　（b）2018年

1982 年和 2018 年黄土高原植被覆盖度

应看到，水源涵养区植被在涵养水的同时，也需要消耗水分。相关研究表明，植被覆盖度提高 1%，洪峰流量可降低 8%，但由于植被的消耗，河流汇流的水资源量会减少 1%，因此要在提高植被覆盖度、降低洪峰流量与确保适宜的水资源量之间取得平衡。

（二）江河堤防建设技术

1. 为什么要建江河堤防？

江河堤防工程是防洪工程的重要组成部分，在抵御洪水灾害中起着不可替代的作用，直接保护着沿江河地区居民的生命财产安全。同时，江河堤防工程的建设对国内建材、机械、运输等众多行业繁荣发展都有拉动作用，创造了大量就业机会，是国民经济稳定发展和全面繁荣的重要保证。

堤防是挡水建筑物，主要沿河、渠、湖、海岸或行洪区、分洪区、围垦区等的边缘修筑。1949年以前，我国堤防只有4.2万公里。新中国成立以来，我国已修建加固堤防达32万余公里，各重要江河堤防在近70多年来的历次洪水灾害中，发挥着防御洪水泛滥、保护居民和工农业生产的重要作用。随着我国城市化进程加快，沿江河湖海地区经济飞速发展，堤防建设的形势越来越紧迫。

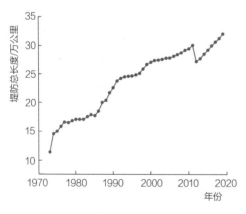

根据《中国水利统计年鉴》显示，我国20世纪80年代初的总堤防长度为17.1万公里，保护了3362.1万公顷耕地。随着新时代水利基础建设的再次提速，截至2019年，我国堤防总长度已达32万公里，保护着4140.9万公顷耕地面积和全国约6.3亿人口。

1973—2019年我国堤防长度统计

堤防按其修筑的位置不同，可分为河堤、江堤、湖堤、海堤以及水库、蓄滞洪区等低洼地区的围堤等；按其功能可分为干堤、支堤、子堤、遥堤、隔堤、行洪堤、防洪堤、围堤（圩垸）、防浪堤等；按建筑材料可分为土堤、石堤、土石混合堤和混凝土堤等。其中，最为常见的土堤由黏土、壤土筑成，堤身两边具有一定坡度，一般呈梯形断面，主要建在平原地区江河沿岸。

（a）黄河大堤（济南段）

（b）长江干堤（岳阳段）

（c）淮北大堤（五河段）

（d）东江堤防（鄞州段）

我国部分江河堤防实景

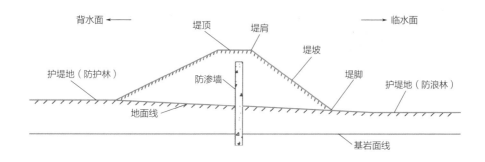

堤防典型断面示意图

2. 我国堤防建设施工新技术

在经历 1998 年长江特大洪水后，我国将堤防建设列为水利建设的重中之重，坚持传统经验与科技创新相结合，堤防建设新技术、新材料、新工艺的研究与应用得到了突飞猛进的发展。在垂直防渗工程施工方面创造了薄壁抓斗造墙技术、多头小直径深搅造墙技术、振孔高喷造墙技术、射水造墙技术和拉槽法地下连续薄混凝土防渗墙技术等；在防护工程施工技术方面，创造了土工格室碎石土生态护坡技术、四面六边透水框架群固岸技术和模袋混凝土护坡护岸技术等。这些新技术机械化程度高，不仅提高了堤防的施工效率与工程质量，而且能减少耕地占用。

堤防建设施工顺序一般为：堤基施工→垂直防渗工程施工→堤身填筑与砌筑施工→防护工程施工→管理设施施工。其中，管理设施施工主要包括观测设备埋设、交通及通信设施施工等。

三峡库区长江堤防工程涪陵城区段施工　　　　富春江干堤沙湾段防渗墙施工

堤基施工技术：采用机械开挖进行堤基挖掘，并对开挖后的堤基进行碾压，避免堤防建好后出现塌陷。

垂直防渗工程施工技术：主要通过建造封闭式的垂直防渗墙，截断洪水期可能产生管涌的路径，保证大堤的防洪功能。我国的防渗墙施工技术整体上已接近国际先进水平，有的工程已达到国际先进水平。

堤身填筑与砌筑施工技术：在土堤填筑时，要将压实层的面层刨毛后才能进行铺料；填土卸下车后摊平，确保填土厚度与堤边的填土要求，之后进行压实。只有一层一层的铺料压实合格才能进行下一步的碾压工作。

防护工程施工技术：主要包括水上护坡与水下护脚两个部分，施工原则是先护脚再护坡。

土工格室碎石土生态护坡施工

水上护坡一般采用碎石垫层上加砌石保护措施，在粉细砂及砂性土岸坡增设土工布垫层，以防止岸坡被淘刷。近年来，随着生态防护要求的提高，土工格室碎石土生态护坡技术应用较为普遍。

合金钢丝网石笼护岸

水下护脚工程除传统的抛石、柴枕、柴排外，还有铰链混凝土沉排、模袋混凝土（砂）、合金钢丝网石笼等。

3. 堤防施工质量控制及其保障体系

近年来，随着云计算、物联网、大数据等最新信息技术的发展与推广，我国堤防施工质量管控已创造了实时、智能、全程的精细化土石堤防填筑施工监控技术，基于冲击弹性波的堤防混凝土结构质量检测评估技术，基本实现了堤防填筑、碾压过程的实时监控与动态反馈。堤防施工质量控制及其保障主要包括 3 个方面：

一是施工准备阶段质量控制与保障。施工前，要结合地质勘查报告、设计图纸、项目现场实际情况和有关规范，进行监理审核，同时编制技术交底作业指导书；按照事前、事中、事后控制的方法，严格按照施工质量验收规范进行施工，确保每项工作处于受控状态。

二是施工阶段质量控制与保障。根据实际情况对相关施工机械、施工工艺以及施工技术等进行合理、科学的分布，保证堤防工程施工阶段的质量。根据工程进度做好材料控制，使各类材料符合建设工程需求。堤防填筑工程

堤基清理

清除表层腐殖土、草皮、树根及杂物。穿越湖、沟渠、池塘处的堤基，应排水疏干，清除其中淤泥。所有清基废料均置于内、外堤脚边线 10 米之外，避免与填筑土料混杂。

开挖前，要做好堤基清理工作。堤基清理结束后，必须经有关质检、质监部门检查验收通过后才允许填筑。

三是竣工后的质量控制与保障。堤防工程竣工后，要及时进行验收工程，汇总、反馈验收中存在的质量问题，快速有效地解决问题。通过验收后，处于运行状态的堤防要依靠监测、观测设备进行长期监测与巡检。

（三）山洪灾害防治与预警技术

2010年，甘肃舟曲、云南贡山等地相继暴发重大山洪泥石流灾害，当年因山洪灾害罹难的同胞达2800多人。为此，国家决定加快实施山洪灾害防治规划，加强监测预警系统建设，建立基层防御组织体系。十年来，已取得了令人瞩目的建设成就，建立了符合我国国情的山洪灾害防治技术体系，其中的关键技术包括：山洪灾害调查评价、山洪灾害监测预警系统、山洪灾害群测群防和山洪沟防洪治理。

1. 山洪灾害调查评价

山洪灾害调查评价是山洪灾害防治的重要内容和基础性工作，主要通过普查详查、现场测量、分析计算、综合评价等方法，从水文气象、地形地貌和社会经济3个方面着手，以小流域为单元，调查小流域特征、暴雨特性、人员分布、社会经济和历史山洪灾害等情况，分析小流域暴雨洪水规律，进而评价防治区沿河村落和城镇的防洪现状，划定山洪灾害危险区，明确转移路线和临时安置地点，科学确定山洪灾害预警指标和阈值。

2013年，我国首次系统进行了山洪灾害调查评价，设中央、省、地市、县、乡、村等各层级，调查点达600余万个，历时4年，参加单位600余家，参与人员 12 万余人。最终，基本查清了山洪灾害防治区的范围、人员分布、社会经济和历史山洪灾害情况，形成了全国统一的山洪灾害防御一套图、一套表和一个成果数据库，为我国山洪灾害的预警预报和工程治理提供有力的数据支撑。

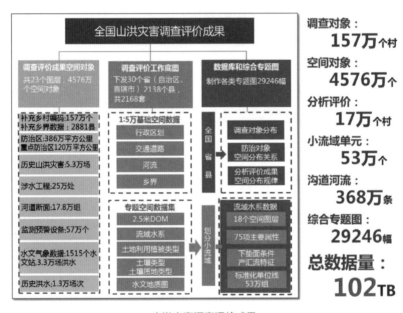

山洪灾害调查评价成果

2. 山洪灾害监测预警系统

山洪灾害监测预警系统是山洪灾害防御体系最核心、最关键的组成部分，是避免人员伤亡和财产损失的重要举措，由监测预警和预警信息发布两项关键技术支撑系统正常发挥作用。

（1）监测预警技术

重点是建立山洪灾害自动监测站点，主要包括自动雨量站和自动水位站。目前，我国监测站点密度已达到或超过美国、日本等发达国家，能够对重点小型水库、河道重点部位进行实时监视，为自动监测预警系统发挥山洪灾害防御作用提供支撑。自动监测预警系统构建了山洪灾害防御信息采集传输、存储分析、共享应用全信息链的技术标准体系，基本解决了基层山洪灾害防御缺乏监测手段和设施的问题。

山洪灾害自动监测站网

（2）预警信息发布技术

主要通过水利专网和移动通信网络，向防汛责任人的手机、无线预警广播自动发送短信、微信预警信息，并向社区群众发送预警信息。目前，已建成连接国家级、7 个流域机构、29 个省级和新疆生产建设兵团、305 个地（市）级和 2076 个县的山洪灾害监测预警平台。初步建成了省、市、县三级视频会商系统，还将防汛计算机网络、视频会商系统部署到 1.62 万个乡（镇），有效提升了基层防汛指挥决策能力和信息化水平。

山洪灾害预警系统通过信息汇集、查询、预报、决策和预警等模块实现山洪灾害实时预警。从雨前、雨中、水位上涨 3 个阶段不同预见期入手，构建我国山洪灾害多层次多阶段综合预警体系，逐步实现了以 24 小时气象预报降雨为主导的山洪灾害气象预警、以落地雨为主导的山洪灾害 2~6 小时实时预报预警、以简易雨量（水位）监测为主导的 0.5~2 小时社区避险转移预警，扩大了山洪灾害预警覆盖面，延长了预见期。

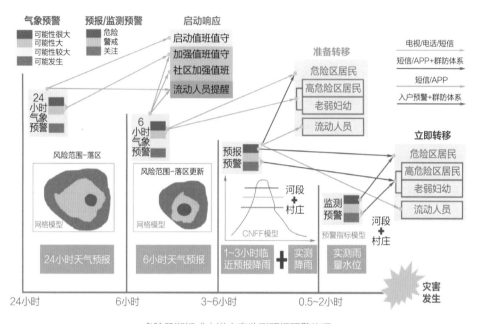

多阶段渐近式山洪灾害监测预报预警体系

3. 山洪灾害群测群防

山洪灾害群测群防是一种主动防灾减灾体系，包括责任制体系、防御预案、简易监测预警、宣传、培训和演练等内容。建设的核心是建立健全责任制，通过各种设备掌握水雨情信息并发布预警或传达专业预警信息，确保危险区群众及时转移，提高群众的自我避险意识，最大限度地减少人员伤亡。

目前，已初步建立了中国特色山洪灾害群测群防体系，实现群测群防"十个一"。指导各地建设了县、乡、村、组、户五级山洪灾害防御责任体系，编制（修订）了县、乡、村和有关企事业单位山洪灾害防御预案，明确了防御组织机构、人员及职责、危险区范围和避险路径等内容。

群测群防的"十个一"与成效

4. 山洪沟防洪治理

山洪沟防洪治理是山洪灾害防治的工程措施。根据山洪沟沿线集镇、集中居民点和重要基础设施分布,以"保村护镇、守点固岸、防冲消能"为目标,采取堤防、护岸、疏浚等措施实现山洪沟治理。结合"河长制"常态化开展山区河道"清四乱"(乱占、乱采、乱堆、乱建)行动,保障沟道行洪能力。

　　山洪灾害防治项目的实施，填补了我国山洪灾害监测预警体系空白，创造性地建设了适合我国国情的专群结合的山洪灾害防治体系，并发挥了很好的防灾减灾作用。据统计，2011—2019 年因山洪灾害平均死亡

启动预警广播：159万次

发布气象预警：582期

发布预警短信：1.24亿条

转移人员：2409万人次

预警发布情况
（截至 2019 年底）

2000—2020 年因山洪灾害死亡人数及趋势变化

353 人，较项目实施前的 2000—2010 年平均死亡 1179 人大幅减少七成。其中，2018 年死亡人口 129 人，为历史最低。部分地区在降雨强度、洪水量级、倒塌房屋数量超过历史灾害的情况下，人员伤亡大幅度减少。

展望未来，面向山丘区高质量发展需求，结合乡村振兴等战略措施的实施，山洪灾害防治体系建设完善将继续以减少人员伤亡为主要目的，形成"一个基本点、两个抓手、三步走"的总体布局。

"一个基本点"是减少人员伤亡，保障人民生命安全。"两个抓手"是工程措施与非工程措施。"三步走"是到 2025 年，巩固山洪灾害防御手段，补山洪灾害防治短板，建立与新时代经济社会发展要求和防洪减灾新形势相适应、可持续业务化运行的山洪灾害防御措施体系，减少因山洪造成的人员伤亡和群死群伤事件；到 2035 年，推动山洪灾害防御体系从"有"到"好"转变，建立完善的山洪灾害防御体系，实现山洪灾害防御体系和能力现代化，因山洪造成的人员伤亡和群死群伤事件减少到较低水平；到 2050 年，推动山洪灾害防御工作从"好"到"强"转变，建立科学高效的山洪灾害防御体系，实现山洪灾害防御体系持续升级，最大限度减少山洪灾害造成的人员伤亡和群死群伤事件。

因此，未来主要工作内容是：推进山洪灾害风险管理理论指导的山洪灾害防御新理念；坚持"以人防为主，人防和技防相结合"的山洪灾害防御新模式；应用现代信息技术新手段，持续提升山洪灾害监测预警能力；转变山洪沟治理思路，适当提高保护对象防护标准；完善政策法规和体制机制，适应新时期中国经济社会发展新要求；明确投入机制，加强山洪防御社会参与。

（四）风暴潮与城市内涝防治技术

1. 我国风暴潮与城市内涝发生的主要原因

风暴潮是由强烈大气扰动，如热带气旋（台风、飓风）、温带气旋（寒潮）等引起的海面异常升降现象。城市内涝是我国城市面临的主要自然灾害之一，沿海城市会因风暴潮和极端降水引发严重的城市内涝灾害。

我国风暴潮与城市内涝发生的主要原因有以下几个方面：

2016 年 7 月 20 日北京出现强降雨天气

一是大陆季风气候。我国在气候分区上属于典型的大陆性季风气候，降雨时间分布极不均匀，许多地方汛期降雨量占年降雨量的 70% 以上。汛期短时间内大量降雨，使城市排水系统超负荷运转，积水难以及时排除，容易造成路面积水、地下车库进水、城市生命线设施（水、电、气等）损毁等灾害事件，给城市生产生活带来极大影响。

二是城市沿江沿海。我国沿江和沿海地区人口密集、工商业发达、财富集中，形成了大量城市和城市群。这些城市在汛期除了要面对本地内涝，还要遭受外洪和风暴潮引发的高潮位威胁。

三是快速的城镇化。城镇化会进一步加剧城市内涝。例如，城市化带来的热岛效应、高楼大厦对暖湿空气的阻障效应等，为降雨形成创造了良好条件，使得城区降雨强度和频率增加；城市化提高了地面不透水率，减少了城市洪水调蓄空间，加剧了城市内涝灾害的风险；城市建设使得人员和财产聚

集，一旦发生内涝灾害，就容
易造成较为严重的财产损失。

2019 年 7 月 12 日湖南长沙发生城市内涝

四是气候变化影响。受全
球气候变化影响，城市区域降
雨特性发生了显著变化：极端
天气气候事件频次增加、范围
扩大；短时强降雨发生的概率
有所增加；风暴潮和台风暴雨
出现频次呈增长趋势；海平面上升顶托城市外排系统，使得沿海城市排水
能力大打折扣；台风登陆个数、频率和强度有所上升。气候变化带来的上
述因素的综合作用，使得城市内涝更加严重。

五是基础设施不足。我国城市排水系统等基础设施往往跟不上城
市发展，之前按标准设计的排水系统难以满足城市快速发展带来的排
涝需求。

2. 我国风暴潮与城市内涝发生的特点

我国风暴潮与城市内涝灾害发生的特点，主要与我国地理气候特点和经
济社会发展阶段相对应，具体表现在以下几个方面：

一是时间集中。风暴潮和内涝灾害主要集中在汛期，尤其是 5—9 月；
受城市区域小气候影响，降雨往往历时短、强度大，有些还存在局部极端降
雨情况，加上"外洪、内涝、风暴潮三碰头"的情况，容易引发局部区域严
重内涝。

二是多点散发。城市内涝在区域尺度和城市尺度上都具有多点散发的特
点。在区域上，南方丰水城市、北方城市，甚至西北干旱城市都有内涝发生；

在城市内部，城市内涝不同于流域洪水，往往积水点较多，有的遍布整个城市，因此防治和预警难度都比较大。

三是间接致灾。城市内涝灾害通常不直接导致人员伤亡和财产损失，而是通过间接的方式致灾，如内涝使城市生命线设施（水、电、气等）受损，致使工商业停业、居民生活困难、积水污染水源地引发流行疾病等。这些间接致灾，危害性强、波及面大，对居民生产生活、城市正常运转造成广泛影响。

3. 我国风暴潮与城市内涝的主要防治技术

一是城市雨水立体缓释调控技术。综合考虑目标城市区域降雨、下垫面和社会经济发展特点，核算不同区域雨水控制能力，合理划分管控单元；针对各单元的具体特点和条件，进行城市水文模拟；根据实际情况，在各管控单元布设"屋顶 - 立面 - 地表 - 地下"立体式雨水缓释调控设施，包括绿色屋顶、墙面绿化、雨水花园、地下调蓄池等多种具体海绵设施和"灰色"设施。

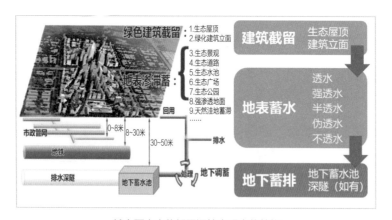

城市雨水立体缓释调控宏观立体结构

二是城市内涝预报预警与智慧管控技术。城市内涝影响范围广，救灾响应时间短。结合监测开展城市内涝模拟仿真预报，能够有效增加预见期，提升预警效率。在预报预警的基础上，结合智能感知、大数据融合和智慧决策，进行城市内涝防治。

三是城市地下深隧排涝技术。城市深隧排水系统埋藏于城市地下深处（通常在地下 40 米以下），主要由主隧道、竖井、排水泵组、通风设施、排泥设施五部分组成，能够有效缓解城市内涝、解决雨洪和溢流污染。近年来，国内暴雨内涝事件频发，广州、北京、武汉、深圳、成都等城市开始运用这一系统。

（五）重大抢险设备及技术

经过多年的发展，我国在防洪工程险情演化机制和防汛抢险技术方面取得了长足进展，新技术、新材料获得了大量应用，防汛抢险装备逐步向集成化、自动化、智能化发展。

1. 防汛抢险技术及应用

我国可能发生的洪水类型多，防洪工程结构复杂，防汛抢险技术的发展主要概括为以下 3 个方面：

一是堤坝抢险技术。我国科研人员在水库大坝、堤防、水闸等防洪工程险情演化机制与应急抢险技术方面开展了大量研究工作，揭示了工程失稳、渗漏、管涌、接触冲刷、滑坡、裂缝等险情的演化机理，研发了土工合成材料、抢险新技术和新设备等，如装配式防洪子堤连锁袋、组合围井、大型土工包等。这些新应用可有效提高抢险效率，降低人力投入和劳动强度。

大型土工包（上）和铅丝石笼（下）在黄河内蒙古河段崩岸抢险中的应用（2020 年）

2018 年浙江温岭市防御超强台风抢险救援演练中的装配式防洪子堤连锁袋

二是应急堵口技术。我国防汛工作人员根据多年的经验，总结出堵口工程方案的一般思路，具体为：改善堵口水流条件以降低堵口难度；改善堵口工程的河床边界条件以减少堵口工程量；提高堵口效率和速度以提高施工速度。根据堵口采用的材料和施工机械的不同，又发展出了修筑土石围堰堵口技术、钢木土石组合坝堵口技术、沉船堵口技术等多种堵口技术。其中，钢木土石组合坝堵口技术是我国防汛人员在抗洪实践中创造的一种新的堵口技术，该技术节省物料，具有很强的实用性。

三是堰塞湖应急泄流技术。堰塞湖应急处置措施目的是在堰塞湖水位上涨过程中，尽最大努力降低湖内水位、减少湖内水量，减少上游受淹范围；防止坝体突然溃决，降低湖水下泄时对下游造成的破坏程度。针对我国发生的堰塞湖实际情况，防汛科技人员采用堰顶引流冲切泄流的应急泄流技术，成功

1998 年长江九江城防堤 4~5 号闸口修筑围堰现场图景

　　1998 年 8 月 7 日，长江水位超过警戒水位，九江城防堤 4~5 号闸口出现管涌，很快发展成 40 米宽的口门。为了防止决口扩大和改善水流条件，在口门上游沉了多艘船只，并抛块石、袋装碎石、钢筋石笼、袋装矿石等修筑围堰。经专家组建议，国家防汛抗旱总指挥部请调原北京军区某部，采用钢木土石组合坝技术实施堵口作业，仅用 5 天时间就把宽 62 米、深 8~9 米、流速 4~6 米每秒的决口堵住。

2008 年四川汶川 "5·12" 地震诱发的堰塞湖及其应急泄流槽建设图景

　　2008 年，四川汶川 "5·12" 地震共诱发了 257 个堰塞湖，唐家山堰塞湖是其中规模最大、危险性最高的一个。经多方研究对比，唐家山堰塞湖应急处理采用在堰塞坝右侧低洼处开挖引流槽方案。共计用了 5 天时间开挖出一条长 475 米、上口宽约 50 米、最大深 13 米的泄流槽。经应急处置后，唐家山堰塞湖下泄最大流量约 6420 立方米每秒，最大限度地减小了灾害损失。

处置了 2000 年易贡滑坡堰塞湖、2008 年唐家山堰塞湖等大量堰塞湖。

2. 防汛抢险设备的集成化、自动化、智能化发展

近年来，一大批实用性强、安全可靠、可大大减轻劳动强度、提高抢险效率的技术装备，在防洪工程险情信息获取、抗洪抢险、应急救援中发挥了很好的作用。防汛抢险正逐步从传统的人工抢险向现代的机械化、自动化和智能化抢险转变。我国防汛抢险技术装备的发展可概括为以下 4 个方面：

一是防汛抢险指挥系统。为了适应防汛抢险指挥、决策的不同需求，我国科技工作者开发了常态化和应急情况下的防汛抢险指挥系统。常态防汛抢险指挥系统以国家防汛抗旱指挥系统为代表；应急情况下防汛抢险指挥系统包括各种车载指挥车和通信车、指挥艇和通信艇、水陆两用现场指挥车和通信车等，这类设备能快速地布置到抢险现场，高效指挥和调度抢险进程，提升突发事件的快速应急处置能力。

二是防汛抢险险情诊断、灾情快速调查装备。我国十分重视堤防、水

九合联圩木头塘热红外成像

2020 年长江大洪水期间应用新技术开展堤防险情识别

2020 年长江流域大洪水期间，我国相关人员应用无人机搭载可见光、热红外成像、MiniSAR（雷达）等传感器开展无人机遥感堤防险情识别试验，航拍圩堤长度累计 20.5 公里，有效识别可疑渗水点，并实现了精准定位。

库大坝、水闸等防洪工程的安全监测和巡查工作，相关领域的技术包括：将侧扫声呐、多波束测深系统及水下机器人等新兴手段应用于水下隐患探测，分布式光纤温度传感器应用于集中渗流监测，应用GPS技术和北斗系统进行变形监测，综合应用高密度电法仪、瞬变电磁仪、地质雷达、面波仪等进行堤防隐患探测，基于温度场测量的堤防管涌等渗透破坏险情的巡查技术，等等。

三是防汛抢险技术与装备。在防汛抢险中，我国大量应用的通用工程机械及其他技术装备（包括各种重型装备和便携式装备），既能减轻体力劳动强度，又能提高应急抢险效能。重型装备包括挖掘机、推土机、起重机、运

XT 系列挖掘装载机
（兼具挖掘和装载功能）

多功能抢险破障车
（兼具推土、铲土和吊装功能）

ET 系列步履式挖掘机

多功能、大流量抢险排供水车
（集供水、排水为一身）

输车、钻机、电焊切割机、掘进机、抽水机、动力舟桥等。便携式装备是指应急救援人员随身携带、伺机开展抢险营救行动的装备，包括锹、锤、锯、气袋、液压钳等。

四是防汛抢险现场支援装备。防汛抢险现场支援装备的运用有助于赢得宝贵的救援时机。常见的有组装式应急道路和舟桥、水陆两栖车辆、救援无人机、遥控机器人、新型防汛抢险舟，具有聚光和泛光功能的移动照明，高通过性越野抢险医疗救护车、饮水净化车、炊事车等。

新型防汛抢险舟（解决螺旋桨被渔网、水草、绳索等软体漂浮物缠绕等问题）

（六）水文监测预报与洪水风险预警技术

1. 我国水旱灾害频发的现状

我国水旱灾害频发，平均不到两年就发生一次较大洪灾。据联合国减灾署统计，我国的水旱灾害年均损失值位居全球前五位。同时，我国又是一个水资源贫乏的国家，每年的旱情都涉及多个省、自治区、直辖市。据统计，2010—2017 年，水旱灾害造成的经济损失占全部自然灾害损失的 51.5%，特别是因洪涝造成的人口损失占全部自然灾害的 38.3%。全国约有 2/3 的国土面积、半数以上人口以及 2/3 的工农业总产值受到水旱灾害直接威胁。

水旱灾害已经成为当前防灾减灾、生态环境保护、经济社会可持续发展中的突出问题。

2. 水文监测预报与洪水风险预警的重要现实意义

在过去的几十年里，我国水文监测预报和洪水风险预警业务发展迅速。特别是 1998 年长江特大洪水后，随着国家防汛抗旱指挥系统、山洪灾害防治非工程措施和中小河流水文监测系统等重大工程项目的建设，水情报汛站网迅猛发展，监测能力显著提升，七大流域主要江河实现了洪水作业预报常态化，水情预警公共服务有序开展。据初步统计，近年来水文情报预报工作的年均减灾效益超过百亿元，1998 年全国水文情报预报直接减灾效益甚至超过 800 亿元。

目前，水利部门紧密围绕水利中心工作，以提高水文监测预报预警业务能力和服务水平为重点，强化水旱灾害防御支撑，拓展水利监管服务，拓宽社会服务领域，以及时准确全面的水文情报预报信息，为水利工作和经济社会发展提供了可靠支撑和保障。

3. 实现水文监测预报的技术支撑

随着计算机网络、遥感技术、通信和信息技术的发展以及在雨情水情获取工作中的应用，水文自动测报系统正逐步成为雨情水情信息采集的主要手段。水文过程监测主要包括降水量、蒸发量、水位、流量等要素，主要包括以下几种技术。

一是降水监测技术。近年来，记录式雨量计应用越来越广，常见

雨量遥测站

的有称重式雨量计、虹吸式雨量计和翻斗式雨量计。对于雨、霰和冰雹，可以通过雨滴谱仪来测量坠落水凝物的液滴尺寸分布和速度。对于雪，可通过刻度尺、称重或融化、放射性同位素测量仪等方法测量。

二是蒸散发监测技术。小区域蒸散发，可利用土壤蒸发皿和蒸渗仪，通过水或热平衡法、湍流扩散法或各种经验公式估算蒸散量。大面积蒸散发，可通过流域水量平衡方法计算蒸散量。

2020 年 8 月 25 日，在江苏省镇江市，志愿者带领学生在丹徒国家基本气象站观察了解蒸发皿的功能。

丹徒国家基本气象站蒸发皿

三是土壤湿度监测技术。测量土壤湿度主要包括土壤含水量测量和土壤水势测量，具体技术包括称重法、电阻法、中子法和介电法等。

四是水位监测技术。通过水位传感器（水位计）测量水位。按测量方式、时序及日常使用情况，分为压力式水位计（电测型）、浮子式水位计、雷达式水位计、气泡式水位计、激光式水位计和超声波水位计等。

五是流量监测技术。大多数河川径流测量站使用流速计来测量流速，使用测深杆、测线或其他技术直接测量面积。近年来，随着技术发展，可通过无人机航测、水深现场测量，应用无人机航片点云提取，GIS 技术构建水位 – 水面 – 流量曲线关系，后期通过卫星遥感监测水面宽度，进而估

（a）采集土样　　　　　　　　　　　（b）土样装盒

（c）土样称重　　　　　　　　　　　（d）土样烘干

采用称重法监测土壤湿度

水库坝上雷达式水位遥测站　　　　　　2019 年 7 月黄河水情监测

算河道流量。该技术对于缺资料地区的水文监测具有重要推广应用价值。

4. 实现洪水风险预警的技术支撑

一是水情自动测报系统。随着信息技术的发展，水文监测手段由初期的人工观测，发展到当前的综合应用接触式与非接触式自动化测量，并将演变为以卫星、无人机、雷达、物联网、移动宽带互联网、云计算及大数据分析技术为核心的"空天地"一体化智慧水文监测体系。水文测报由人工、单一站点测报向集成自动采集、传输和实时处理的水文自动测报系统演变，水文数据管理也由每个单位自建基础设施向购买云服务等公共服务的方式转变。

武汉关报汛站

2016 年 6 月 30 日，武汉关报汛站水流涌动，已经漫过江中的设防水位线标识。监测数据显示，此时武汉关水位已达 25.07 米，超过设防水位 0.07 米。

依托国家防汛抗旱指挥系统工程的网络系统，结合七大流域和 31 个省（自治区、直辖市）的水情自动测报系统以及水情信息计算机网络传输系统的建设，大大提高了雨水情信息传递的实时性。水情报汛的频次，已由 20 世纪 90 年代的 3~6 小时一次，发展到现在的 1 小时一次，大水期间甚至几分钟一次。目前，水利部收齐全国 10 多万个报汛站的雨水情信息仅需 10~15 分钟，而 1998 年却要耗时 2 小时，信息时效性有了显著提高。

二是水文模拟技术。在流域水文模型方面，大力开展了干旱、半干旱地区、平原河网区和喀斯特等地区的流域水文模型研究，研制了双超产流模型、河北雨洪模型、双衰减曲线模型等。开发了水文模拟系统综合平台，使得流量模拟和预测结果更稳定、准确，模型效率更高。在数字流域平台上，利用数字化技术，考虑降水在空间分布不均和下垫面非均匀性的影响，建立了融合多源信息的分布式新安江模型。探讨研究了基于雷达测雨、卫星遥感、地理信息系统等技术的分布式水文模型，并在我国淮河、黄河、长江等流域得到初步应用。

三是作业预报实时校正技术。 目前，在洪水作业预报实时校正技术方面，主要采用最小二乘法、卡尔曼滤波、神经网络、抗差等自动校正和人机交互人工校正相结合的手段。利用实时水情、人类活动和历史洪水等多种信息，建立综合性实时洪水预报校正方法，实现了预报误差动态监控和智能化的修正。

四是洪水作业预报系统。在消化吸收发达国家软件系统的基础上，我国洪水预报系统研发迅速发展。至 20 世纪 90 年代中期，我国基本普及了洪水预报系统，实现了以计算机替代繁重的手工作业，有效增长了预报时效。21 世纪初，水利部组织研发的"中国洪水预报系统"，成为全国水文部门普遍使用的洪水作业预报系统。当前，已开发了具有中国特色的专家交互式洪水预报系统。全国已有 170 多条主要江河、1700 多处预报断面实现了洪水预报常态化，5800 多条中小河流实现了暴雨洪水预警。

五是预警公共服务系统。2013 年以来，水文部门加强了水情预警社会发布工作，研发了水情预报预警公共服务系统，实现了水情预报预警信息汇集、订阅与发布一体化的业务化应用。近年来，各级水文部门通过网站、电视、手机短信、微信、手机客服端、报纸等多种服务形式，实时向社会公开发布洪水、枯水、水文干旱、风暴潮等预警信息，水情预警发布基本实现中央、流域、省、市、县五级覆盖，有效提高了社会公众的防灾避险意识。

（七）干旱灾害防御关键技术

1. 关键技术

一是旱情监测预警技术。党的十八大以来，党中央、国务院高度重视防灾减灾工作，对我国新时期干旱灾害防御工作也提出了新的要求，旱情监测预警和信息化建设已经成为我国干旱灾害防御的重要职能和工作。

二是旱情预测预报技术。与成熟的洪水预报技术体系相比，旱情预报技术研究显得比较薄弱。美国、澳大利亚等发达国家已经实现了月尺度和季节尺度的旱情集合预报，而我国考虑土壤湿度和径流变化的农业、水文干旱的实时滚动预报研究需求，开发了基于气象－水文耦合的可业务化应用旱情集合预报系统。

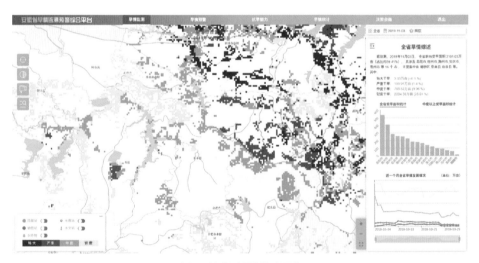

省级旱情监测预警综合平台

中国水利水电科学研究院自主研发了基于下垫面的旱情综合监测技术。目前该技术已应用于湖南、安徽、陕西、云南等省级旱情监测预警综合平台开发，可显著提升各级抗旱管理部门的旱情监测预警能力，同时也可为耕作管理、灌溉管理、节水调水、旱灾保险等提供支撑。

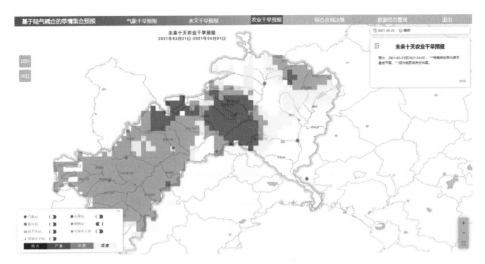

基于气象–水文耦合的旱情集合预报系统

中国水利水电科学研究院开展了旱情集合预报技术研发，开发完成了旱情预报业务化系统，旨在回答未来哪里旱、旱多久的问题，延长了预见期，实现了多种类型的干旱和综合旱情的预报预测，有效降低了旱情预报的不确定性。

三是旱灾风险评估技术。作为旱灾风险管理的核心内容和关键环节，旱灾风险评估逐渐成为旱灾防御的热点问题。旱灾风险评估分为静态旱灾风险评估和动态旱灾风险评估。静态旱灾风险评估是指基于历史资料，通过对某一地区干旱成灾机理及规律等进行分析，进而估计这一地区干旱发生的可能性及其可能产生的不利影响。动态旱灾风险评估是指基于实时旱情信息及未来可能的发展趋势分析等，提前预估某一地区未来干旱的可能影响。

2. 干旱灾害防御体系建设及成效

第一，干旱灾害防御常规工程体系建设成效显著，我国城乡供水基本得到有效保障。新中国成立以来，我国水利建设成就举世瞩目，初步形成了以蓄水工程、引水工程、提水工程、调水工程等为主，大、中、小、微有机结合的抗旱常规工程体系，使得我国城乡供水基本得到有效保障。

据统计，我国已建成万亩以上大型灌区 7884 处，50~10000 亩的灌区 205.82 万处，对大型灌区进行了续建配套和节水改造，全国灌溉面积已达到 11.26 亿亩，居世界首位，其中节水灌溉面积 5.56 亿亩；修建农村供水工程 5887.46 万处、塘坝 456.51 万处、窖池 689.31 万处，受益人口达到 9.4 亿人，农村自来水普及率达到 83%，基本上实现了农村全覆盖，结束了我国农村严重缺乏饮用水的历史。

第二，积极开展抗旱应急水源工程建设，进一步增强了重点旱区应急供水能力和区域抗旱减灾能力。2014 年 9 月，水利部、国家发展改革委、财政部、农业部四部委联合印发了《全国抗旱规划实施方案（2014—2016 年）》。2014—2016 年间，国家累计下达中央补助资金 298.37 亿元，在全国 25 个省（自治区、直辖市）和新疆生产建设兵团的 740 个重点旱区县，开展了 8394 项包括小型水库、引调提水工程和抗旱应急备用井等类型的抗旱应急水源工程建设，干旱年份可保障 7500 万人、3050 万亩口粮田的抗旱用水需求，实施效果显著。

第三，配合工程体系建设，初步建立了较为完善的旱情监测站网体系，开展了抗旱相关业务系统建设，有效提高了旱情监测预警能力。自 2005 年开始，通过国家防汛抗旱指挥系统一期、二期工程，建设了

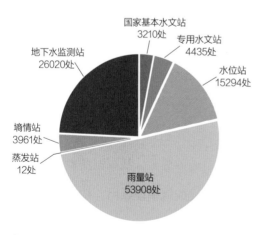

全国可用于旱情分析的各类水文测站情况

中央旱情数据库，开发建设了中央抗旱业务应用系统软件平台以及旱情遥感监测系统。自 2017 年底，水利部开始推进全国旱情监测预警综合平台建设工作，最终将建成一套服务于国家、省、市、县四级一体化全覆盖的旱情监测预警综合平台，每周发布全国旱情监测"一张图"，实现旱情分析预测评估和早期预警。

第四，非工程体系建设，包括干旱灾害防御组织体系、法律法规、预案规划、服务组织和物资储备等方面，取得了重要进展。经过多年建设和积累，从中央到地方已建立健全国家、省、市、县四级水旱灾害防御组织体系。2009 年 2 月 26 日颁布实施了《中华人民共和国抗旱条例》（中华人民共和国国务院令第 552 号），填补了抗旱立法的空白。2011 年 11 月国务院常务会议审议通过了《全国抗旱规划》。通过卓有成效的工程和非工程措施建设，我国干旱灾害防御体系总体能力和水平有了极大的提高。

经多管齐下、多措并施的举国努力，我国农作物受旱面积、成灾面积和绝收面积以及因旱饮水困难人口和牲畜数量，都呈现大幅度减少的趋势，抗旱减灾效益显著。

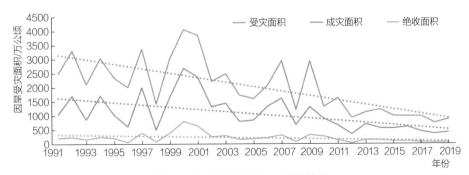

1991—2019 年全国农业因旱受灾情况

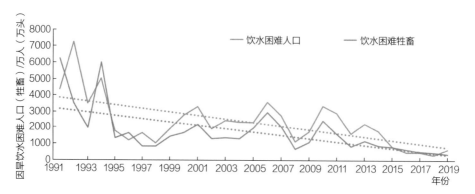

1991—2019 年全国人畜饮水困难情况

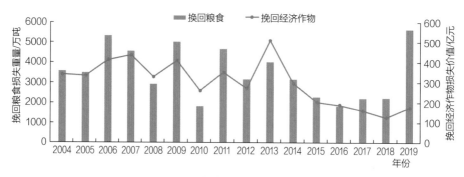

2004—2019 年全国抗旱挽回的损失统计

据 2004—2019 年《中国水旱灾害公报》统计，抗旱工作年均挽回粮食损失 3284 万吨，约占 2019 年全国粮食总产量的 5%；挽回经济作物损失 298 亿元。

二、大国重器——高坝大库绿色水利枢纽

　　我国是世界上河流最多的国家之一，在党中央、国务院的坚强领导下，全国人民开展了艰苦卓绝的江河开发与保护工作，我国已发展成为全球大型水利设施最发达的国家。截至 2018 年底，我国拥有各类水库近 10 万座，成为世界上水库大坝数量最多、高坝数量最多的国家，拥有 7000 多亿立方米的防洪库容和 4300 多亿立方米供水能力的库容。建成了三峡和小浪底水利枢纽，以及小湾、锦屏一级、乌东德、白鹤滩、龙滩、水布垭、糯扎渡、瀑布沟水电站等一批水利水电重大工程。截至 2019 年底，我国水电装机容量达到 3.58 亿千瓦，为国家经济社会发展提供了重要的防洪、供水、粮食、能源、生态等安全保障。

国际大坝委员会荣誉主席贾金生谈中国大坝

（一）更高更快——中国大坝

　　近 20 年来，随着我国能源供给结构的调整和"西电东送"战略的实施，大坝建设保持着高速发展的势头，一大批世界级的高坝、特高坝相继建成或开工建设，我国坝工设计水平和筑坝技术取得了重大突破。

1. 世界之最的特色大坝——三峡工程

　　举世闻名的国之重器——长江三峡水利枢纽（以下简称"三峡工程"），是当今世界综合规模最大的水利枢纽工程，也是综合治理长江水患和开发利用长江水资源的关键性工程，在防洪、发电、航运、水资源利用等方面发挥了巨大的综合效益。

三峡工程坝址位于长江干流西陵峡河段、湖北省宜昌市三斗坪镇，距下游长江葛洲坝水利枢纽约 40 公里，控制流域面积约 100 万平方公里，平均年径流量 4510 亿立方米。三峡工程包括枢纽工程、移民工程及输变电工程，采用"一级开发、一次建成，分期蓄水，连续移民"建设方案，建设总工期为 16 年。

（1）工程建设历程

1994 年 12 月 14 日，三峡工程正式开工建设。

1997 年 11 月，顺利实现大江截流。

2003 年 6 月，实现 135 米蓄水、双线五级船闸试通航、首批机组发电的三大目标。

2006 年 5 月，大坝全线达到 185 米高程；10 月，初期蓄水 156 米运行。

2008 年 10 月，左右坝后电站 26 台 70 万千瓦机组全部投入运行，开始正常蓄水位 175 米试验性蓄水，提前一年完成三峡工程初步设计建设任务。

2010 年 10 月，首次实现 175 米正常蓄水位。

2012 年 7 月，地下电站 6 台机组全部投产发电。

2015 年 9 月，三峡枢纽工程顺利通过竣工验收。

2016 年 9 月 18 日，三峡升船机进入试通航阶段。

2020 年 11 月 1 日，三峡工程整体竣工验收全部程序完成。

（2）枢纽工程概况

枢纽工程是三峡工程中建设规模和投资最大的部分。枢纽工程包括河床中部的泄洪坝段，左、右岸厂房坝段和两岸非溢流坝段；分列在左、右岸厂房坝段坝后的三峡坝后式电站；布置在左岸的通航建筑物；布置在右岸的地下电站和茅坪溪防护工程。

　　三峡枢纽工程主要建筑物包括挡水及泄洪建筑物（即三峡大坝）、发电建筑物、通航建筑物等，每个单项建筑物都拥有巨大的规模。三峡大坝是世界上规模最大的混凝土重力坝，坝顶高程185米，最大坝高181米，坝轴线全长2309.5米，最大泄洪流量超过10万立方米每秒，泄洪规模和技术难度远超当今世界已建大坝工程。发电建筑物由2座坝后式电站、1座地下电站和1个电源电站组成，共安装32台70万千瓦和2台5万千瓦水轮发电机组，总装机容量为2250万千瓦，是世界上总装机容量最大的水电站。通航建筑物包括双线五级船闸和垂直升船机。三峡双线五级船闸以级数最多（五级）、上下游水位落差最大（113米）、输水系统水头最大（45.2米）等指标傲视全球。作为目前世界上最大的内河船闸，可满足万吨级船队通过三峡大坝，设计年单向通过能力达到5000万吨。三峡垂直升船机是船舶来往于大坝上下游的快速通道，是世界上规模与技术难度最大的垂直升船机。

船闸

船闸主体结构段总长1621米，单个闸室有效尺寸为长280米、宽34米、最小槛上水深5米。

升船机

升船机提升高度113米，提升重量达15500吨，设计过船规模为3000吨级，承船厢有效尺寸为长120米、宽18米、水深3.5米。

（3）大坝工程特色与科技创新

三峡大坝是三峡工程的标志性建筑物，不仅建设规模空前，而且在高坝大流量泄洪消能、深层抗滑稳定、大孔口改建封堵等方面取得了一系列创新技术成果。2011 年，国际大坝委员会授予三峡工程"混凝土坝国际里程碑工程奖"。2013 年 11 月获国际咨询工程师联合会"菲迪克百年重大土木工程杰出项目奖"。大坝工程特色与科技创新主要体现在以下几方面：

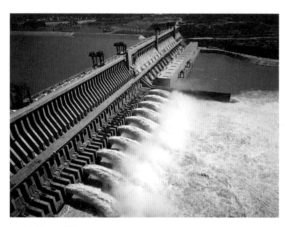

三峡大坝泄洪场景

一是大坝工程综合规模。三峡枢纽工程建设中开挖土石方总量1.2亿立方米，混凝土浇筑总量 2807 万立方米，其中大坝工程是世界上规模最大的单项混凝土建筑物，创造了世界水利水电史上的新纪录。

二是高坝、超大泄量泄洪消能技术。三峡泄洪建筑物具有防洪任务重，泄洪流量大，运行水头高，需兼顾工程防护，水库排沙和排漂多目标任务等特点，泄洪孔口数量多达 72 个，最大泄洪流量超过 10 万立方米每秒，泄洪功率 1 亿千瓦，泄洪规模和布置复杂程度远超当今世界已建水利水电工程，创新提出泄洪坝段三层泄洪孔平面相间、立体交错布置方案和工程措施，成功解决了高水头、大泄量、坝体开孔率高、泥沙磨损和空化空蚀等技术难题。

2020 年 8 月 19 日，三峡大坝十孔泄洪迎接75000 立方米每秒最大洪峰

三是左岸厂房 1～5 号坝段深层抗滑稳定设计技术。大坝采用系统精细

的特殊勘察技术，创新提出"坝踵设齿槽、帷幕前移、深层排水洞和厂坝联合作用"等综合措施，成功解决了复杂岩基边坡条件下左岸厂房1~5号坝段的深层抗滑稳定问题。

三峡大坝施工现场一瞥

四是临时船闸坝段大孔口改建封堵技术。通过采用4.5米特高层厚混凝土连续浇筑技术、结构措施及安装技术创新，成功地解决了高陡边坡坝段的坝基应力与变形问题、封堵门门槽结构局部应力巨大的技术难题，以及埋件在大荷载条件下降低摩擦系数和多节叠梁安装和转运等多个世界性难题。

五是大坝混凝土高强度快速施工及温控防裂技术。研发并创新采用大体积混凝土温度控制及防裂措施技术，实现连续稳定生产低温混凝土，有效控制了混凝土内部最高温度，创造了三期右岸大坝416万立方米混凝土无裂缝的奇迹。1999—2001年连续三年打破混凝土浇筑的世界纪录，并创造了年最高浇筑混凝土548万立方米的新世界纪录。

2. 世界级工程——乌东德水电站

（1）水电站概况

乌东德水电站位于云南省禄劝县和四川会东县交界，是金沙江下游河段四个水电梯级中的最上游梯级电站。乌东德水电站是实施"西电东送"的国家重大工程，是党的十八大以来我国开工建设并建成投产的千万千瓦级世界级巨型水电工程，也是实现"十三五"规划圆满收官、全面建成小康社会的重要标志性工程。

乌东德水电站正常蓄水位 975 米，水库总库容 74.08 亿立方米，总装机容量 1020 万千瓦，属一等大（1）型工程，多年平均年发电量约 389.1 亿千瓦时。坝址控制流域面积 40.61 万平方公里，占金沙江流域面积的 86%。

乌东德枢纽工程全貌

枢纽工程主要由混凝土双曲拱坝、泄洪消能建筑物、左右岸引水发电系统及导流建筑物等组成。混凝土双曲拱坝坝顶高程 988 米、最大坝高 270 米，采用坝身泄洪表中孔与岸边泄洪洞联合方式泄洪。坝身布置 5 个表孔和 6 个中孔，3 条泄洪洞均布置在左岸靠山侧。电站厂房采用两岸各布置 6 台机组的首（中）部式地下厂房。

（2）工程建设历程

2010 年，工程开始筹建。

2012年1月，导流隧洞开始施工。

2015年12月，主体工程开工建设。

2017年3月，大坝开始浇筑。

2020年6月，大坝全线到顶。

建设期的乌东德
大坝泄洪

2020年6月29日，首批机组发电。

2021年6月，全部机组投产发电。

（3）工程关键技术

一是米级精准勘察技术。乌东德水电站地处高山深谷地区，边坡高陡、地质条件古老、岩性多变、勘察难度大，优质岩体范围狭窄、分布无规律，前期通过钻孔试验、地质测绘等方式精细勘察，建基面开挖成果和预

乌东德大坝建基面开挖形态

期完全一致，边界线相差在1米以内。

二是"静力设计、动力调整"的特高拱坝体形控制技术。特高拱坝地质条件复杂，制约因素多，设计难度大。通过"多约束、多方法、多因素"综合比较体形的拱坝系统设计方法，成功设计出了具有较好的自适应性、安全可靠、经济合理的乌东德特高双曲拱坝体形。通过优化结构，大幅提升设计地震烈度下的大坝抗震性能，达到"中震不坏、大震可修、极震不倒"的目标。

三是全坝段无盖重固结灌浆成套技术。建设过程中，首次提出并成功应用了"表封闭、浅加密、深提压、严监控、少引管"的特高拱坝"全坝基无

盖重固结灌浆"成套技术，成功解决了建基面开挖、混凝土浇筑与坝基灌浆工序相互干扰的难题。对比传统无盖重固结灌浆，施工效率提高了4.5倍；相比有盖重灌浆，单段钻孔、灌浆工时平均缩短了0.45小时；水泥损耗量降低了49%；灌后检查压水合格率达到100%。

四是"高保证、低风险、强安全"特高拱坝温控防裂技术。充分利用低

浇筑中的乌东德特高双曲拱坝

2017年3月16日乌东德大坝首仓混凝土开始浇筑

热水泥混凝土材料低热慢热特性，建立全时空、多梯度精细化温控技术标准，以"控高温、防倒温、匀降温、重保温"为主要调控目标，确保降温过程协调一致及整体温度均匀性，提高拱坝整体抗裂安全性。乌东德大坝是世界上首座全坝应用低热水泥的高拱坝，大坝混凝土浇筑约 270 万立方米，突破了传统的"无坝不裂"的瓶颈，被专家们称赞为"真正意义上的无缝大坝"。

五是高拱坝坝身不设底孔、下闸蓄水不断流新技术。简化了坝体结构，避免了底孔布置难度大、坝体结构复杂、占用坝体直线工期、使用时间短、工程投资大等系列问题。与同类工程比较，乌东德水电站水库水位抬升和下游基坑进水时间推迟一年，库区移民时间更充裕，维护和保障了下闸期河流水生态，取得了明显的结构安全、工期、经济、生态和社会效益。

（二）更多更绿——梯级水电

2016 年，党中央对推进长江经济带建设提出了明确要求，"要把修复长江生态环境摆在压倒性位置，共抓大保护，不搞大开发"。水能资源开发应用应始终遵循"在开发中保护，在保护中开发"的原则。梯级开发水电是保护环境、应对气候变化、发展低碳经济的重要举措，也是实现我国非化石能源发展战略目标的重要保证。

1. 金沙江下游梯级开发面临的生态环境挑战

金沙江是实现"西电东送"战略目标的重要能源基地之一。由于自然条件和技术上的原因，必须对河流进行阶梯状分段开发，也就是梯级开发。金沙江中下游石鼓至宜宾河段，分为乌东德、白鹤滩、溪洛渡和向家坝四级梯级开发，总体装机容量达 4646 万千瓦，相当于 2 个三峡工程。

水电虽然是清洁能源，但工程施工产生的废水、噪声和施工粉尘排放以及施工开挖、弃渣、占地等活动，将对工程区及邻近区域的环境造成影响。在工程运行期，水库蓄水和调度运行影响河流水域形态和水文情势，造成生境改变，威胁流域生态系统平衡。金沙江区段是长江流域首要生态屏障，在流域生态安全体系建设中起着至关重要的作用。金沙江下游流域生物多样性丰富，属于横断山生物多样性保护重要区，也是川滇干热河谷土壤保持重要区，同时还是典型的生态脆弱区。金沙江的梯级开发面临着严峻的生态环境挑战。

2. 流域绿色生态保护措施

在金沙江梯级电站建设之初，就提出了"建好一座电站，带动一方经济，改善一片环境，造福一批移民"的水电开发新理念，致力于将金沙江下游河段水电开发项目打造成工程建设好、环境保护好的水电典范工程。

在绿色施工区建设方面，做好边坡工程生态恢复，实现边坡工程加固与生态防护的一体化，满足边坡工程防护、植被构建、生态系统修复的综合需求；在施工废水处理方面，采用创新的尾矿库自然沉淀技术，形成了一整套占地少、处理效果可靠、经济性好的新方案、新工艺，取得了良好的环保效果；在移民区环保措施方面，配套建设生活污水处理厂、生活垃圾填埋场，针对搬迁建房、生产开发、专项设施迁改建等活动的水土保持要求，协调地方政府组织落实相应的水土流失防治措施。

在金沙江下游梯级开发过程中，组织开展了流域综合整治和生态修复工程，打造了水电行业生态保护的标志项目。

第一，保护水域栖息地及保护区。对长江上游珍稀特有鱼类国家级自然保护区开展了生态补偿措施，包括保护区的基础设施建设、保护区调整建设、人工增殖放流、物种保护技术研究、渔业生态环境监测、影响评价及对策研究、电子遥感网络建设等。

溪洛渡左岸高陡边坡治理效果

向家坝水电站上坝公路开挖高陡边坡生态修复前（左）后（右）对比

第二，保护乌东德库尾水环境。在乌东德库尾水环境保护项目中，集中了区域水环境治理中多项关键措施，主要包括削减污染源、提升污水处理能力、提高深度处理水平、构建监测与风险预警体系等。具体工程包括新建污水处理厂、提标改造、建设配套管网、治理库周面源污染、环境预警及监测等。

第三，黑水河生态修复技术。对干流 65 公里长河段实施河流生境连通性、生态流量泄放和河势河态生境修复等措施项目。项目中涵盖了目前河流生态修复保护中最为核心的关键技术，具有很好的代表性和示范意义，被列

乌东德固定集运鱼站

入长江经济带生态保护规划和"十三五"水电发展规划。

第四，集运鱼系统。大坝的建设会阻碍河流连通性，对鱼类洄游存在不利影响。乌东德水电站对集鱼效果进行了评估，经现场试验验证，尾水集鱼箱集鱼效果良好，方案技术可行。

第五，生态调度。水库生态调度是一种降低大坝建设和运行对河流生态系统负面影响的措施。为促进鱼类的产卵繁殖，白鹤滩、乌东德、溪洛渡等电站均在建设和运行叠梁门分层取水设施。

第六，监管绿色流域。构建了全方位、大量、长时序的数据监测，为生态环境分析、评价和预警提供坚实的基础数据支撑。同时，监测网络各监测要素之间有机结合、相互兼顾，形成了独立性兼整体性的监测系统，既能从宏观上反映流域的生态环境变化趋势，又能反映一定的微观变化趋势，为科学制定生态保护措施方案提供科学依据。

（三）更深更全——引以为傲的水利水电地下工程群

我国自20世纪50年代以来，陆续有水利水电工程采用地下布置方式。进入21世纪，先后建设了龙滩、小湾、拉西瓦、瀑布沟、乌东德、白鹤滩等一大批装机容量大、洞室跨度大、开挖规模大、建设难度高的大型水利水电地下工程。这些世界级高难度水利水电地下工程的成功建设，极大地推动了我国地下工程技术的发展，标志着我国地下工程技术已处于世界领先水平。

1. 世界埋深最大的水工隧洞工程——锦屏二级水电站

锦屏二级水电站是雅砻江干流上装机规模最大的水电站，电站总装机容量480万千瓦，年均发电量242.3亿千瓦时，是国家"西电东送"骨干工程。锦屏二级水电站工程共规划设计了7条近东西向布置、平行穿越锦屏山的隧洞，最大埋深达到2525米，是世界上埋深最大、规模最大的水工隧洞工程。

电站主体工程于2007年1月30日正式开工建设，

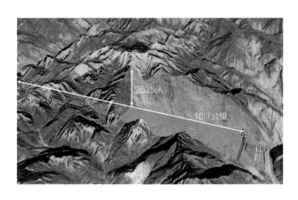

锦屏二级超深埋水工隧洞切面图

4条引水隧洞于2011年12月全部全线贯通，2014年11月底工程全部建成投产。锦屏二级水电站超深埋水工隧洞沿线山体陡峭雄厚，隧洞沿线水文地质条件复杂，建设过程中解决了隧洞施工、结构设计等方面的一系列技术难题。

2. 世界规模最大的地下洞室群——白鹤滩水电站

白鹤滩水电站位于四川省凉山彝族自治州宁南县和云南省昭通市巧家县境内的金沙江干流下游河段上。建成后总装机容量达1600万千瓦，目前在世界上所有水电站中位居第二，仅次于三峡水电站。电站的地下洞室群规模、地下厂房跨度、圆筒阻抗式调压室规模、单机100万千瓦水轮发电机组、300米级不对称双曲拱坝等多项指标创世界纪录，综合技术难度堪称世界第一。

白鹤滩水电站施工现场

目前，白鹤滩水电站仍在紧锣密鼓地建设中，计划于 2021 年 7 月实现首批机组投产发电，2022 年 7 月实现全部机组投产发电，年平均发电量可达 624.43 亿千瓦时，总装机容量达 1600 万千瓦，防洪库容 75 亿立方米。

白鹤滩水电站位于高山峡谷之中，两岸空间有限，因此需要在大坝两侧的山体深处开挖地下洞室群，用于布置巨型的引水发电系统，世界水电工程中规模最大的地下洞室群应运而生。白鹤滩水电站地下洞室群的开挖总量约 2500 万立方米，总里程约 217 公里。

3. 世界上布置最密集的地下洞室群——小浪底水利枢纽工程

小浪底水利枢纽工程在洛阳以北 40 公里处，是目前黄河上规模最大、控制流域面积最广的水利工程。主体工程于 1994 年正式开工建设，2000 年全部竣工。小浪底工程的地质条件极其复杂，加上水沙条件特殊、运行要求严格、工程布置独特，因此施工难度大、技术要求高，是国内外专家公认的最具挑战性的世界级工程之一。

白鹤滩水电站三维布置图

施工中的白鹤滩水电站地下厂房

地下厂房内安放了 16 台世界上单机最大的 100 万千瓦水轮发电机组。左右岸两座地下厂房长 438 米，宽 34 米，高 88.7 米。

小浪底工程在左岸不足 1 平方公里的单薄山体内，布置了 9 条大直径泄洪隧洞、3 个中闸室、6 条引水发电洞以及 3 条尾水洞，加上地下厂房、主变室、尾水闸门室以及各种交通洞、施工洞等，共计拥有大小洞室 108 个，构建起世界上在不良地质条件下地下洞室群布置最密集的水利工程。

4. 世界最长的水工隧洞——北疆供水二期工程喀 - 双隧洞

新疆地处亚欧大陆腹地，年平均降水量仅 150 毫米左右，且区域分布悬殊。为了解决水资源配置问题，推进区域可持续发展，新疆地区涌现出众多大型的民生水利工程。

北疆供水二期工程由西二隧洞、喀－双隧洞、双－三隧洞三段组成，隧洞总长 516.2 公里。其中，喀－双隧洞地处准噶尔盆地东北部，全长 283.3 公里，平均埋深 428 米，最大埋深 774 米，设计流量 40 立方米每秒，是目前在建的世界最长水工隧洞。该工程建成后，将显著改善区域水资源配置，促进地区社会经济发展，提升流域内的生态环境。

5. 深入地心——超深埋长大水工隧洞建设关键技术

近年来，在我国西部地区建设了一大批的大型水利水电工程，其水工隧洞总体呈现出"洞线长、断面大、埋藏深"等特点，代表性工程如天生桥二级、太平驿、齐热哈塔尔、锦屏二级等水电站水工隧洞和引汉济渭、滇中引水、引大入秦等引调水隧洞工程。这些工程的实践，极大地推动了我国地下工程技术的发展，其关键技术包括以下几种：

一是超深埋水工隧洞综合勘探技术。超深埋水工隧洞工程地质条件复杂、自然条件恶劣，因此需要超深埋水工隧洞综合勘探技术。前期勘测阶段，一般仅能依靠地面地质测绘和试验研究，或在近岸坡段布置较短的水平探洞，有效勘探方法十分有限。为满足工程建设需求，结合宏观地质调查和勘探，采取先进、系统的综合勘探技术。同时，建立相应的灾害识别体系，以应对超深埋隧洞存在的诸多灾害风险。

二是超深埋围岩力学特性试验研究。超深埋高地应力条件下，岩体的工程特性由超深埋岩体的基本力学特性所控制。为解决施工过程中遭遇的超常规岩石力学问题，需要因地制宜有侧重点地开展室内、现场岩石力学试验以及围岩破裂观测分析，综合研究超深埋岩体的基本力学特性，从本质上认识岩体工程表现特征，进行工程设计和工程问题决策处理。

查勘现场突涌水（左）及封堵后（右）情况

锦屏二级水工隧洞开挖共揭露23个大于1万立方米每天、5个大于10万立方米每天（最大63万立方米每天）的突涌水点，均得到了有效治理。

三是超深埋水工隧洞设计理论及方法。超深埋水工隧洞建设过程中，围岩是主要承载结构，依靠围岩的"自承"能力，采用加固围岩等一系列措施，确保隧洞内表层松动圈围岩的稳定性，从而保证隧洞在深埋、高外水压力条件下的安全稳定。

四是超深埋长大水工隧洞安全高效施工技术。为实现深埋隧洞高效施工，必须对其各个工序，包括开挖、出渣、施工通风、支护、衬砌等进行深入研究，根据工程具体情况，选择最优的施工方案，掌握隧洞施工期间可能遇到的各种问题，提前做好技术措施和预案。隧洞施工期间，加强现场施工管理，重视预测和预报，提高突发问题处理能力，确保深埋隧洞高效施工。

五是重大地质灾害处理技术。主要包括岩爆防治技术、高压突涌水处理技术和深埋软岩处理技术。针对高地应力条件下深埋隧洞的岩爆问题，通过制定合适的支护策略，减少应力集中，降低能量释放，从而达到主动防治岩爆的目的。针对隧洞突涌水问题，采用导洞堵水、分流减速等技术，从而实现高压突涌水的高效处理。针对深埋软岩、高地应力等复杂地质条件，采用新材料、新工艺，结合针对性的复合承载结构体系，确保隧洞顺利建设与运行安全。

开敞式硬岩隧道掘进机（TBM）在长隧洞工程中应用已较为普遍，它能结合皮带出渣和骨料输送等配套系统实现较高的生产效率。锦屏二级水电站引水隧洞采用了2台直径为12.4米的大断面TBM，在工程快速建设中发挥了重大作用，其设备选型及施工实践可为国内类似工程提供宝贵参考。

锦屏二级水电站 1 号 TBM

（四）更稳更好——固若金汤的水利工程基础处理关键技术

天然形成的地质体通常存在一些连通的微通道，水会沿着这些微通道向大坝下游或者堤防外侧渗漏，严重的渗漏会影响水利工程的安全。为防治此类事故发生，通常采用灌浆、修建防渗墙等方式进行处理。此外，滑坡地质灾害的预测与防治同样是摆在水利水电工程建设者面前的难题。

1. 水利工程基础处理的利器——灌浆防渗与加固技术

灌浆技术指利用液压、气压或电化学原理，将具有充填胶结性能材料配成的浆液灌入到岩体、土体、结构物等介质的裂缝或孔洞中。浆液固化后可提高被灌体的完整性，改善其力学性能和抗渗能力，达到提高建（构）筑物的稳定性和安全性的目的。

灌浆技术在我国水利水电工程中经历了 70 多年的发展，拥有众多的材料种类和工艺技术，积累了丰富的工程经验。在高质量灌浆帷幕、浆液可灌性、岩溶及特殊地层防渗处理、高流量大漏量地层封堵技术等方面处于世界领先水平，基本上解决了各类水工建筑物的基础防渗和加固难题。最常见的有以下两种：

一是"灌不进"地层灌浆处理。影响灌入能力的主要原因是灌浆材料的颗粒大小。灌浆材料可分为颗粒型灌浆材料与溶液型灌浆材料。颗粒型灌浆材料是由固体颗粒和水组成的悬浮液，取材方便、造价低、施工简单，并具有较好的防渗或固结能力，但其所能灌填的缝隙宽度会受其固体颗粒大小限制，超细水泥属于此类。溶液型灌浆材料是流动性好的液体，能灌入比较细微的缝隙，环氧树脂就属于此类，其黏度低、强度高，具有良好的亲水性、可灌性，早期发热量小，配浆时不需要用水冷却，施工方便，适合于岩体裂隙微细裂隙、混凝土裂缝的补强加固灌浆。施工过程中，需根据"灌不进"地层的实际情况，选择适宜的灌浆材料进行灌浆处理。

二是"灌不住"地层灌浆处理。宽大裂（孔）隙形成的集中渗漏水头高、流量大、流速快，常规材料难以有效封堵，要求堵漏灌浆材料必须具有良

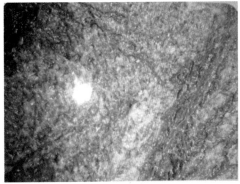

环氧树脂材料加固效果（左）及其在龙羊峡水电站断层加固中的应用（右）

好的抗水流稀释性能和抗水流冲击性能，浆液的凝结时间在几分钟至数小时范围内可控、可调，浆液在凝固之后需要具有一定的防冲强度和黏结强度等。常见的处理方式有三种：①速凝水泥膏浆，即掺入膨润土（黏土）、粉煤灰等掺合料以及增黏剂等少量外加剂构成的低水灰比的水泥基浆液，如应用于红枫电站堆石体围堰防渗加固中；②低热沥青浆液，指乳化沥青在采用合适的破乳材料后，在破乳过程中形成"油包水"状态，在中等开度和流速的集中漏水通道封堵工程中具有良好的灌浆效果；③模袋灌浆，可整体抵抗高流速、大流量的漏水，可应用于孔口封闭、控制性充填灌浆等领域。

速凝膏浆材料（左）及其在红枫电站堆石体围堰防渗加固中（右）的应用

低热沥青材料（左）及其在锦屏二级电站引水隧洞中（右）的应用

模袋灌浆技术（左）及其在新疆某引水隧洞掌子面涌水封堵中（右）的应用

2. 神秘的地下大坝

（1）减少大坝基础渗漏的利器——混凝土防渗墙

混凝土防渗墙是连续、完整的地下混凝土墙体，看不见、摸不着，是典型的地下隐蔽工程，专业性极强、技术复杂、质量控制难度大，被称为"地下大坝"。它的主要功能是有效阻止蓄在水库中的水通过大坝基础向下游渗漏，提高土基或土石坝（围堰、堤）体的渗透稳定性。

（2）混凝土防渗墙的前世今生

防渗墙作为水利水电工程中的专有形式，起源于欧洲，1950 年前后开始在意大利和法国等国应用，在我国的利用大致可以分为三个阶段。

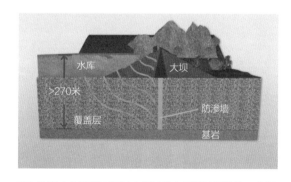

能有效阻止水库蓄水通过大坝基础向下游渗漏的地下大坝

第一阶段是引进消化吸收阶段。1959 年，北京密云水库砂砾石地基的处理工程中建成了最大深度 44 米、厚 80 厘米的槽孔型防渗墙，初步形成了防渗墙规模施工和最初的成套技术，并创造了"钻劈法"造孔工法。

第二阶段是深度 100 米级防渗墙技术已经成熟的阶段。1998 年，在长江三峡工程二期上游围堰地基处理中，建成了我国 20 世纪工程规模最大、

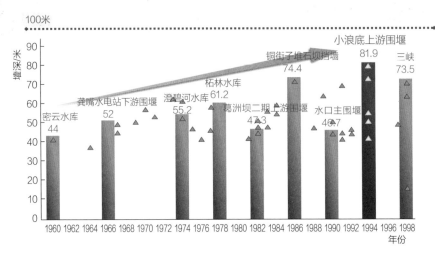

我国 20 世纪深度 100 米以下的混凝土防渗墙

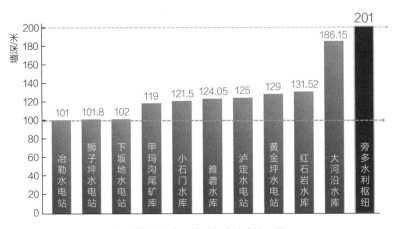

我国超 100 米深的混凝土防渗墙工程

综合难度最大的防渗墙，与小浪底工程一起，标志着我国 100 米以下防渗墙施工技术已经成熟，施工技术水平总体达到国际先进水平。

第三阶段是防渗墙的深度达到了 200 米级的阶段。西藏旁多水利枢纽大坝基础混凝土防渗墙，是目前我国在建防渗墙施工中规模最大、墙体最深、难度最大的地下防渗墙工程，该工程防渗墙墙体最深 201 米，创造了世界防渗墙施工新纪录。

3. 水利水电工程开发中难啃的硬骨头——高边坡工程

（1）边坡与滑坡的概念

在岩土工程中，边坡与滑坡是两个既有联系又有区别的概念。边坡指由于人类工程活动而人工开挖或填筑形成的斜坡，在工程开挖或填筑前坡体不存在滑面，开挖前坡体无蠕动或滑动迹象。滑坡指由于自然或人为因素引起坡体变形或滑动的斜坡，在坡体内存在天然的滑面，坡体已有蠕动或滑动迹象。当边坡在外界因素的影响下发生滑动，就形成了滑坡。

触发边坡失稳的因素是多种多样的，水库蓄水及库水位变动、降雨和地震是最常见的滑坡灾害的外因。边坡在施工与正常运行期的稳定性，对确保基本工程建设的顺利开展与充分发挥工程应有的作用具有至关重要的意义。

（2）边坡治理方法

常用的边坡治理方法是采用排水设施降低地下水位与减少降雨入渗。边坡排水一般可分为地面排水与地下排水两大类。地面排水的主要目的是收集雨水，以防止雨水渗入坡内，常用措施包括坡面排水孔、排水沟、截水沟等。地下排水是采用各种手段排出已经在坡体内形成的地下水，以降低地下水位，常见措施有排水洞、排水廊道、排水竖井等。

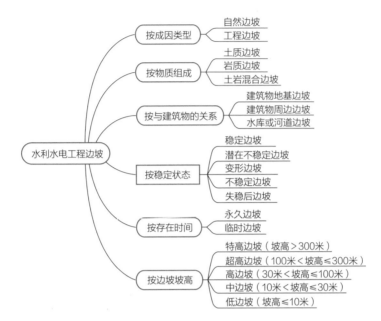

水利水电工程边坡分类

（a）水库蓄水

（b）水库放空

阿拉沟左岸滑坡体

阿拉沟左岸滑坡体是我国水利水电建设史上首次因滑坡体变形而放空水库的典型案例。

长江三峡库区蓄水后首次出现的大规模边坡失稳事件是位于长江支流青干河上的千将坪滑坡，主要诱发因素是持续强降雨。据气象部门统计，在千将坪滑坡前10天内有8天降雨，总降雨量达167.2毫米。

长江三峡库区的千将坪滑坡

2014年8月3日，云南省昭通市鲁甸县发生6.5级地震，在牛栏江上造成右岸山体发生滑坡，并与此处位于左岸的红石岩古滑坡体的前缘部分一起形成了一个高达120米、体积达1200万立方米的大型堰塞体，对下游10个乡镇、3万余人、数万亩耕地造成直接危害。

红石岩右岸因地震诱发的滑坡体

（a）坡面布置排水孔 　　　　　　（b）坡面排水沟

边坡地面排水措施

两河口水电站左岸联合进水口高边坡网格梁 + 预应力锚索

网格梁与预应力锚索的联合使用，也可以提高边坡的整体稳定性。预应力锚索采用钢绞线或高强钢丝束作为杆件，并施加一定的预拉张力。将拉力传至稳定岩土层的构件，是堆积体边坡与岩质边坡中一种广泛使用的工程处理措施。

钢筋混凝土支挡结构，包括抗滑桩、抗剪洞、锚固洞以及各种形式的挡墙，同样可以极大提高边坡的抗滑能力。小湾水电站左岸饮水沟堆积体采用了排水、预应力锚索与抗滑桩联合的加固措施，其中施工马道上布置了14根悬臂式抗滑桩，桩底嵌入基岩，并与桩顶部位的钢筋混凝土挡墙联成整体，保证了边坡的稳定性。

另外，目前世界上在建装机容量最大的抽水蓄能电站——丰宁抽水蓄能电站，其左岸进水口边坡采用挡墙加预应力锚索的联合加固方案，保证了施工期与正常运行期的稳定性。

削坡压脚是对边坡上部进行开挖以减少荷载、提高边坡稳定性的一种非常有效的经济措施。同时，将削坡得到的岩土体在坡脚

采用抗滑桩对小湾水电站左岸饮水沟堆积体边坡进行治理

处堆载，能减少边坡潜在不稳定性。例如，在湖南省涔天河水利枢纽修建时，对右岸库区总方量 1327 万立方米的雾江古滑坡体，采用了削坡加压脚的处理措施，保证了滑坡体蓄水和运行期的安全。

丰宁抽水蓄能电站进出口边坡的挡墙＋
预应力锚索联合加固

湖南省涔天河水利枢纽雾江古滑坡体处理

（五）更大更强——水能高效利用的中国装备技术

1. 摆脱进口——国产水电核心装备制造技术

我国水电设备研制能力的提升，走过了一条"仿制—自主研制—购买核心部件—核心技术引进—技术再创新"的路线。为实现巨型水电设备国产化，在三峡左岸电站建设中，我国制定了"技贸结合、技术转让、联合设计、合作生产"的方针，经过几代人的努力，摆脱了水电设备进口依赖，实现了巨型水力发电机组核心技术的国产化。

（1）大型机组加工制造装备

国内水力发电设备厂商陆续装备了大量先进的数控加工设备，包括数控镗铣床、数控立车、数控卧车和特殊部件加工的专用数控设备等，使水电设备制造能力不断提升，具备了高质量加工制造 100 万千瓦级机组的能力，达到世界领先水平。

（2）大型铸锻件技术及机组核心部件材料

为了满足大型水电站建设中重大设备制造的需要，先后实施了"九五"改扩建工程、电炉替代平炉提高钢液质量工程项目等多个专项技改工程，极大地提升了国内主要铸锻件企业装备实力。除铸锻件外，近年来大型机组核心部件材料的研制及应用也发展迅速。此外，新的部件材料制造工艺也不断创新，如模压叶片等也开始进行应用。

（3）大型机组制造技术和加工工艺

国内制造企业克服了大型水电机组部件尺寸大、**重量重**、精度高等方面

用多轴联动数控机床进行三峡电站水轮机叶片加工

的制造难度，完成了叶片毛坯型面尺寸检查、叶片加工过程前的余量分布检查、数控编程、转轮焊接、起吊翻转等多项工艺攻关和技术改造项目。在发电机关键部位制造工艺方面，发电机大尺寸镜板超精研磨、水内冷发电机绕组焊接制造等关键技术，均取得很大进步。在水轮机制造工艺方面，掌握了生产大型水轮机关键部件的关键技术及工艺，为巨型水轮机关键部件的生产、制造提供了可靠技术保证。

（4）水力模型研发

水力模型研发是电站水力发电设备的基础，而高精度水力机械模型试验台既是水力机械模型研发的必备技术，也是水力机械模型性能同台比较的必

备条件。从 20 世纪 80 年代开始，中国水利水电科学研究院等单位相继建成了具有世界先进水平的高精度水力机械模型通用试验台。进入 21 世纪后，根据水电建设发展的要求，上述单位又通过重建、改建和扩建等方式，陆续兴建了数座具有世界领先水平的试验台。

此外，针对中国河流水质特点，中国水利水电科学研究院还建成了我国也是世界上第一座水力机械浑水模型试验台。该试验台可完成不同含沙浓度下的能量、空

中国水利水电科学研究院高精度水力机械模型试验台

化、压力脉动、飞逸转速等水力机械性能试验，超声波浑水初生空化检测，含沙水流中水力机械磨损规律、磨损与空蚀联合破坏以及有关防护措施等试验研究。

2. 三峡工程的"中国芯"——巨型水轮机组制造技术

三峡水电站是目前世界上规模最大的水电站，共安装有 32 台 70 万千瓦水轮发电机组，总装机容量 2250 万千瓦（含 2 台 5 万千瓦机组），相当于 20 座百万千瓦级核电站。三峡工程作为巨型水电工程，其 70 万千瓦水轮发电机组性能是影响工程效益的关键。

1996 年，三峡左岸厂房 14 台 70 万千瓦水轮发电机组正式进行国际招标。最终由法国阿尔斯通（ALSTOM）公司、瑞士 ABB 公司中标 8 台，采用挪威克瓦纳（Kvaerner）能源公司开发的水力模型，与哈尔滨电机厂有限责任公司合作制造。另外 6 台由德国福伊特（VOITH）公司、加拿大

通用（CGE）水电公司与德国西门子（SIEMENS）水电公司组成的VGS联合体中标，采用该联合体开发的水力模型，与东方电机股份有限公司合作制造。

从1997年起，国内水轮发电机企业开始对70万千瓦机组进行技术转化和攻关，逐步掌握了水轮机水力设计与模型试验、发电机电磁设计、大部件强度刚度计算、推力轴承计算与试验、发电机通风冷却计算等核心技术。

2004年，三峡工程右岸电站12台机组招标，在投标阶段的水力模型试验中，国内水轮发电机企业研制的机组转轮空化性能与左岸转轮相当，而水力稳定性明显优于左岸机组。通过与国际巨头同台竞争，国内水轮发电机企业各获得4台机组的设计制造合同，标志着国产化战略取得了重大成果。

2007年，三峡右岸地下电站6台70万千瓦机组签订采购合同，国内水轮发电机企业和天津阿尔斯通（ALSTOM）公司又各获得2台的合同。

2008年，金沙江向家坝、溪洛渡水电站26台水轮发电机组签订采购合同，国内水轮发电机企业中标19台，包括溪洛渡电站左岸6台、右岸9台77万千瓦机组和向家坝电站左岸4台80万千瓦机组。

2014年，国内水轮发电机企业在与多家国际著名发电设备制造厂商的同台竞争中胜出，分别承接了白鹤滩左岸和右岸水电站各8台100万千瓦水轮发电机组的设计和制造。

至此，依托三峡工程，经过几代人的不断奋斗，我国企业完全掌握了巨型水轮机组制造技术，提出了100万千瓦水轮发电机组技术标准和规范，站到了世界水轮发电机组制造业的制高点。

（1）水轮机转轮

水轮机转轮是水轮机的核心部件，其性能直接影响水电机组运行的经

济性和安全稳定性。20 世纪
90 年代末，国内外差距较大，
我国大型水电项目的转轮技
术大部分均需从国外引进。

通过引进三维黏性流体
计算技术（CFD）和分析方
法，创新设计理念，很快在
模型转轮水力设计方面赶上
了世界先进水平。在三峡右

三峡电站水轮机转轮

岸电站新转轮的开发中，国内水轮发电机企业开发出了性能全面超过左岸电
站引进技术的新转轮，综合水力性能均高于左岸电站，特别是在水力稳定
性方面有了很大的突破，解决了这个一直困扰业内的世界性技术难题。
同时，针对三峡左岸国外机组存在的电磁振动噪声和水力稳定性问题，国
内水轮发电机企业通过理论研究和真机试验分析，提出了优化定子绕组谐
波的技术解决方案，最大限度降低了电磁振动的激励源，实现了核心技术
的创新与突破。

（2）冷却技术

冷却技术是巨型水轮发电机设计中的关键问题。目前水轮发电机的冷却
方式大致有三种，即全空气冷却方式、定子水内冷冷却方式、蒸发冷却方式。

全空气冷却方式在运行维护与可靠性方面具有较为明显的优越性。但
是，随着水轮发电机容量的增大，采用全空气冷却方式的难度也越来越大。
受技术条件的限制，全空冷发电机存在容量极限。2000 年以前，国内 55
万千瓦以上的水轮发电机全部采用水内冷冷却方式。

与水内冷冷却方式相比，蒸发冷却方式的优点是发电机温度分布更均匀、介质绝缘更好、无泄漏及堵塞、方便运行维护、可靠性高，因此适于向更大容量方向发展。在三峡右岸电站水电机组的研制中，国内水轮发电机企业自主开发了当时世界上单机容量最大的84万千瓦全空气冷却技术水轮发电机，达到了国际先进水平。国内水轮发电机企业也为三峡地下电站研制了具有自主知识产权的、世界上单机容量最大的84万千瓦蒸发冷却水轮发电机组。

3. 三峡工程的"控制核心"——特大型电站计算机监控系统

计算机监控系统通过对电站主辅设备的数据采集与自动控制，实现电站生产运行过程的集中监控和全厂优化功能，确保设备安全可靠运行，通过与上级调度通信，上送电站实时运行数据，接收调度指令实现自动发电控制与经济运行，保障电能质量和电网运行的稳定性。

（1）替代进口的自主创新之路

计算机监控系统监控对象基本涵盖了电站所有主辅设备，还需要对泄洪闸门进行监控。三峡电站拥有32台70万千瓦水轮发电机组，全厂主辅机设备多、控制复杂，监测控制点数量为世界之最。

三峡电站监控系统分为完全独立的左岸电站计算机监控系统、右岸及地下电站计算机监控系统两部分。左岸电站计算机监控系统采用国外系统，在具体项目实施时采取的是三峡电站和国内合作厂家参与项目联合开发的模式。2007年发电的三峡右岸电站及2011年发电的地下电站，均采用北京中水科水电科技开发有限公司自主研发的H9000计算机监控系统，通过双千兆以太网连接右岸电站控制系统和地下电站控制系统，使两部分形成一个紧密耦合的完整系统，实现运行控制一体化。

（2）国际领先的巨型电站群远方"调控一体化"技术

三峡工程之后，世界上规模最大的巨型梯级电站溪洛渡、向家坝电站计算机监控系统及金沙江下游梯级成都调控中心自动化系统，在建设中均采用了国内自主开发的 H9000 计算机监控系统。

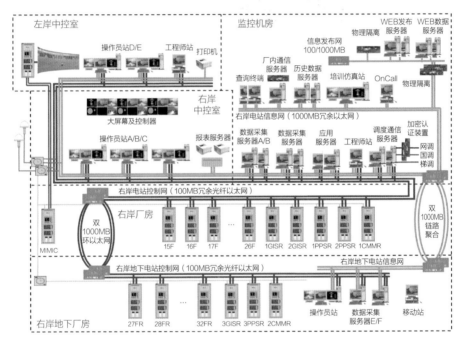

三峡右岸电站计算机监控系统总体结构图

溪洛渡、向家坝电站的水库调度、电力调度与实时控制均在三峡成都调控中心完成，实行"调控一体化"运行管理，是世界上规模最大，同时也是技术水平要求最高的巨型梯级电站群远方集中控制系统。

在实现所辖电站"无人值班"后，电站监控系统及其他二次智能设备自身健康状况的实时监控也尤为重要。为此，开发了 H9000 智能设备管理子系统 HMan，对所辖电站智能设备（计算机、网络设备等）进行跨网段、跨

调试中的 iP9000 智能对象一体化平台

操作系统、跨安全分区的监视、故障预警，较好地满足了"调控一体化"的运行与管理要求，为首次实现巨型机组特大型电站群的远方控制提供了安全、可靠、实用的技术手段，使我国在该领域的技术与应用继续领先于国际水平。

（3）智能化的 iP9000 一体化平台

随着水电站多业务集成互动与智能化应用需求不断增长，以智能为特征的水利水电技术创新蓬勃兴起。在 H9000 系统的基础上，2018 年开发完成 iP9000 智能一体化平台，并在清江梯级电站集控中心投入运行。

新研制的 iP9000 平台实现了自主技术创新，不仅可以构建功能强大、安全可靠、高速高效的新一代电站计算机监控系统，还可以作为开发与运行支撑平台。目前，iP9000 智能一体化平台已应用于三峡左岸电站计算机监控系统的国产化改造、白鹤滩水电站计算机监控系统及主设备在线监测趋势分析系统建设、三峡梯调电调自动化系统升级改造、金沙江下游梯级昆明调控中心自动化系统建设，以及巴西伊利亚、朱比亚电站及集控中心系统升级改造等重大工程。

三、纵横水网——全方位多层次的中国水资源调配技术

我国水资源南多北少，时空分布不均，随着经济高速发展，水资源开发与区域经济发展的关系越来越密切，涉水矛盾也越来越综合，水资源配置从最初的水量分配，发展到协调考虑区域经济、环境和生态各方面需求，进行有效的水量

王浩院士谈水资源
配置

多维均衡调控阶段。如何将有限的水资源在生态环境与社会经济之间、不同的地域空间之间、不同的经济产业部门用水户之间进行科学合理地分配，成为我国水资源调配的重要课题。

基于"自然－社会"二元水循环理论，经过长期坚持不懈的水利工程建设，我国已形成了全方位、多层次、可协同调配的水资源调配理论方法和水网体系。

（一）现代中国水资源配置理论思想——二元水循环理论

周而复始的河流水、湖泊水和貌似取之不竭的地下水，它们来自哪里？如何被人类利用？最后又到哪里去了？这些问题，用科学的话来说，就是水是如何实现循环的？长久以来，人们一直在思考这些问题，并探索背后的原理。"自然－社会"二元水循环理论给出了很好的答案。

"自然－社会"（初期称为"自然－人工"）二元水循环理论，由中国工程院院士、中国水利水电科学研究院水资源研究所名誉所长王浩教授于

1999 年首次提出，逐步完善后推广到世界。国际水文十年计划（IAHS-IHD Panta Rhei，2013—2022）将"Change in Hydrology and Society"定为研究主题，强调水文与社会系统的相互作用与耦合研究（社会水文学），"自然－社会"二元水循环的思想得到全面吸纳，推动了国际水文科学的发展。当前，"自然－社会"二元水循环已成为国际水文学界水循环研究与水资源高效利用调控的主要理论方法，更为中国开展水资源合理配置、节水型社会建设、水生态文明建设提供了重要理论支撑。

在人类出现以前，"水"的运动变化驱动力主要来自于自然。亿万年来，水在太阳辐射和地心引力等自然驱动力的作用下进行周而复始的运动。这是地球系统关键而独特的运动过程，维系着大气圈、生物圈和岩石圈的动态有机联系。地球上各种形态的水通过蒸发蒸腾、水汽输送、凝结降水、植被截留、地表填洼、土壤入渗、地表径流、地下径流和湖泊海洋蓄积等环节，不断地发生相态转换和位移运动。

随着人类社会发展，原有的流域水循环由单一的受自然主导，转变为受自然和社会共同影响、共同作用。随着人类改造自然能力显著增强，包括改

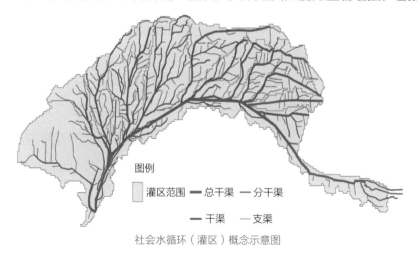

图例

■ 灌区范围 ━ 总干渠 ━ 分干渠

━ 干渠 ━ 支渠

社会水循环（灌区）概念示意图

变土地利用、兴建水利工程和城市化发展等在内的一系列活动，打破了流域自然水循环系统原有的规律和平衡。新的水循环系统极大地改变了降水、蒸发、入渗、产流和汇流等水循环各个过程，这种水循环系统称为"自然－社会"二元水循环系统。

在人工驱动力的技术手段作用下，水分进入社会水循环环节，在人类社会经济系统中分配并服务。常见的技术手段有：通过修建水利工程抬高水体水位，改变水体自然状态下能量态势的沿程分布状况，从而驱使水体按人类的意愿循环流动；通过机电井抽排等方式，实现能量之间的转化，直接将处于低势能的水体传输到高势能的地点；通过商品的市场交换将水分在空间上进行转移。

"自然－社会"二元水循环理论认为，在天然状态下，流域水分在地球自转与公转、

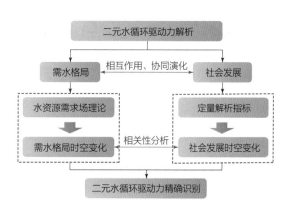

二元水循环驱动力解析技术路线图

太阳辐射能、重力势能和毛细作用等自然作用力下不断运移转化，其循环内在驱动力表现为"一元"的自然力；而在人类社会经济系统的参与下，流域水循环的内在驱动力呈现出明显的"二元"结构。

基于二元水循环理论，水利科技界和工程师们建立了不同下垫面、城市单元、农田单元、水利工程调度、地下水开采等水循环分项及其描述方法。考虑到气候变化的影响及生态环境动力特性，构建了流域"自然－社会"二元水循环及其伴生过程的综合模拟模型，为我国的系统水治理提供了事前模

拟、事中监测、事后评估的技术支撑体系。

（二）基于二元水循环的水资源配置整体论

水资源配置是水资源规划管理的重要内容，最初主要是针对水资源短缺地区的用水竞争性问题。此后随着可持续发展理念的深入，水资源系统规模日趋增大、影响因素逐渐增多，导致其结构更趋复杂，需要在"自然－社会"二元水循环理论基础上整体考虑供需关系。受水资源供需矛盾突出的影响，我国持续将水资源配置作为国家科技攻关重点方向。

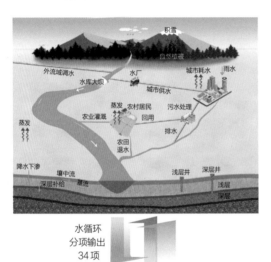

基于流域"自然－社会"二元水循环理论的水循环属性细分示意图

1. 水资源供需矛盾激化，亟须合理配置

水资源短缺是当今世界普遍面临的危机，并随着人口增长、经济发展、城市化水平提高和生活水平提升而加剧。我国人口众多，水资源时空分布不均，水资源供需矛盾十分尖锐。我国水资源总量2.8万亿立方米，位居世界第6位。由于人口众多，人均水资源量仅

2000 立方米，不足世界人均水平的 1/3；耕地亩均占有水资源量1440 立方米，仅为世界平均水平 的 1/2。

　　与欧美国家相比，我国降水时间分布极不均匀，也在一定程度上加剧了水资源供需矛盾。北方地区一年中62% 的降水都集中在夏季，汛期（6—9 月）的降水占全年 75% 以上，海河流域汛期 4 个月降水量占全年降水的79% ~ 84%。降水的年际年内剧烈变化，不利于水资源的开发利用，也给防洪带来了极大难度。

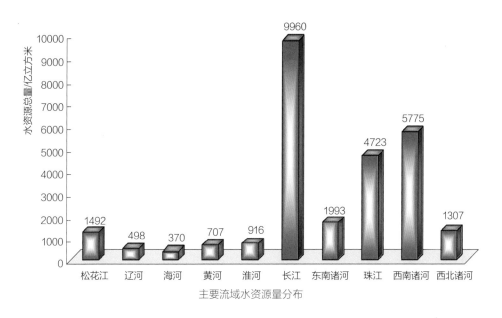

主要流域水资源量分布

　　近 30 年来，我国水资源量发生了一定的变化，出现水资源量减少、丰枯变化加剧的趋势。进入 21 世纪，北方地区水资源量减少显著，水资源减幅远高于降水。如海河流域，2001—2016 年系列与 1956—1979 年系列相比，降水量减少了 9.5%，地表水资源量减少 50%，水资源总量减少 32%。

　　经济发展带动用水需求增长，生活、生产和生态三类用水相互竞争，缺

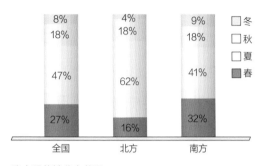

降水季节性分布状况

水风险加剧，生态受到较大影响。北方地区水资源不能支撑经济持续健康发展的问题尤为突出。为了解决缺水问题，黄淮海平原地下水大规模超采，造成地下水位下降和大量地下水漏斗，导致地面沉降、地裂、海水入侵、泉水断流及湿地减少等问题，京津冀地区尤为突出。

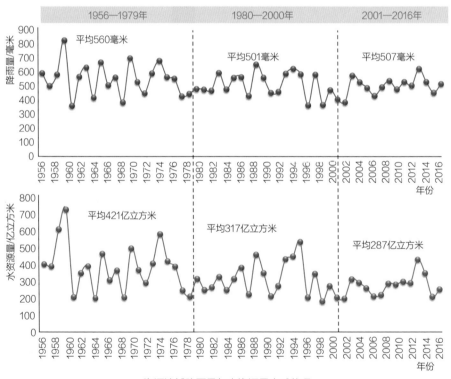

海河流域降雨量与水资源量衰减状况

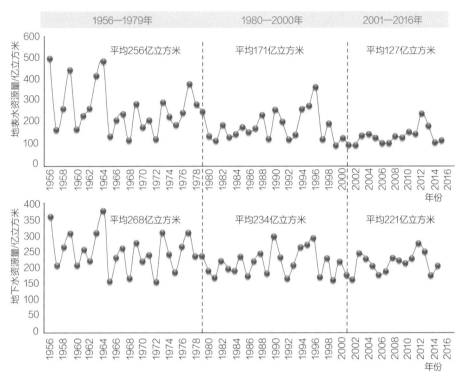

海河流域地表和地下水资源量衰减状况

2. 水资源配置的基本原则和主要任务

水资源配置应遵循公平与高效原则，同时也应遵循可持续利用的原则。公平性，指的是要确保不同区域、行业、阶层基本用水权，保障粮食安全等社会基本目标；高效性，指的是要确保资源优先分配给能产生更大效益或回报的部门，以获取最大的社会效益；可持续性，指的是要求水资源开发利用过程中确保水循环的再生性维持与水生态安全，当代消耗的资源与后代可获取的资源相比具有合理性。

各种水问题现象，实际上是在有限的资源条件下，社会经济发展与生态环境保护等不同类别、不同用户需求竞争的结果。因此，水资源配置

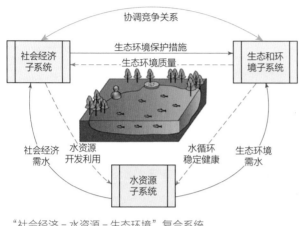

"社会经济－水资源－生态环境"复合系统

本质上是通过决策合理协调"社会经济－水资源－生态环境"相互之间的关系。

水资源配置任务是在明确水量基础上，根据不同的目标要求和决策偏好，分析保护与发展的关系，明晰不同措施投入产出的效果，给出合理的水量分配和时空调节过程。

3. 水资源配置的目标量度和决策方法

水资源的稀缺性和多功能属性，使得其开发、节约、分配都十分重要，这三者共同构成了资源配置的全部环节。

水资源配置的目标遵循公平、高效、可持续原则，基于市场经济规律和资源配置准则，考虑不同决策层次和偏好，通过节约、开源、保护等工

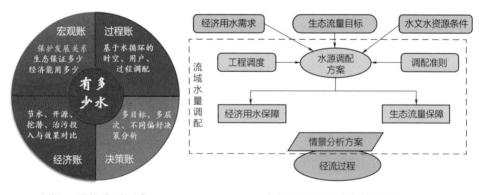

水资源配置的"四笔账"　　　　水资源配置对经济生态的调控

程或非工程措施，使不同水源在区域、用水部门间进行合理调配。水资源配置的用户包括城市和农村，涵盖生活、生产和生态等领域的不同用水户；水源包括地表水、调水等常规水源，以及再生水、雨水、海水等非常规水源。

资源配置的一般性目标

水资源是可再生资源，水循环过程受到人类开发利用过程的影响。因此，水资源配置必须考虑水循环影响过程下水资源的动态性、可再生性以及局部可调控的特征，需要基于水平衡原理，对水资源存蓄、传输、供给、排放、处理、利用、再利用、转换等进行定量分析和计算，以获得水资源配置结果。

水资源配置需要考虑的不同用水需求

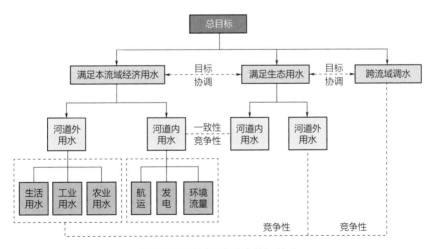

水资源配置的多目标竞争协调关系

水资源配置是一个决策分析过程。不同决策层、不同区域、不同部门和群体决策偏好下的需求，使得水资源配置成为多目标多层次群决策。水资源配置可以从经济机制、社会机制和生态环境机制三方面实施决策。

经济决策机制追求经济效益最大化。水资源配置涉及供需两侧调控，需求侧包括结构调整、水价调整、行业节水等规模控制和效率提升的措施，供给侧包括不同类别的水源开发增加供给能力。通过经济机制，可以促进水量在不同行业之间的流转，促进高效用水。

社会决策机制的核心是公平。公平性一方面体现在用户之间的均衡，协调生存与发展的矛盾；另一方面体现地区之间、行业之间、城乡之间、代际之间等多方面的差异性。社会决策机制使不同用户之间的水量分配差距尽量减小。行业上需要保障弱势群体，如效益较低但重要的农业用水；区域上保障不同区域基本需求和发展需求。

生态环境决策机制核心是维持流域水资源可持续利用。需要考虑水循环系统本身的健康和对相关生态与环境的支撑。在保证基本生态功能基础上，提高流域生态服务功能的总价值，减少用水引起的水质恶化等负面影响和损失。

（三）空间均衡——中国水资源配置工程整体布局

立足"节水优先、空间均衡、系统治理、两手发力"的治水思路，围绕处理好水与经济社会发展的关系，发挥水资源的刚性约束作用，推动经济社会发展与水资源水环境承载能力相适应，我国提出了"以水定城、以水定地、以水定人、以水定产"的重要原则，构建了以"四横三纵"为骨架，"南北调配、东西互济"的水资源配置新格局。

1. 空间均衡的水资源优化配置理论

均衡，是系统或整体内部的一种稳定状态，实现均衡就是要实现系统或整体的协调稳定发展。"空间均衡"是指组成大空间整体的子空间之间相互协调，从而实现整个大空间的协调稳定发展。

水资源领域空间均衡的内涵主要有两大方面：一是实现每个单元内部"社会经济－水资源－生态环境"三大子系统之间的协调发展；二是实现不同空间单元之间的协调发展。两者存在递进关系，即单元内三大子系统的协调发展是前提，在此基础之上继续实现计算单元之间的协调发展。面向空间均衡的水资源配置既要通过水资源在不同用水部门、不同单元之间的分配，实现不同单元内水资源、社会经济和生态环境三者之间的协调发展，也要实现不同单元之间的协调发展。

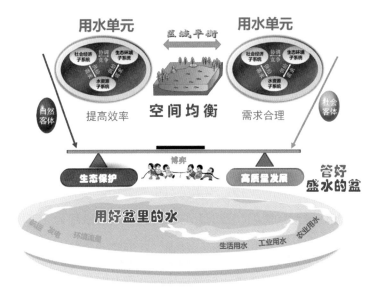

空间均衡的水资源优化配置

2."四横三纵"的水资源配置骨干

我国水资源分布呈现南北不均的典型特征。北方国土面积占全国的64%，人口占60%，但水资源量仅占全国的19%。与此同时，降水具有明显雨热同期的特征。从全国范围来看，夏季降水量占全年的47%，但北方地区这一比例高达62%。长期以来，北方地区的海河、黄河、辽河、西北内陆河流域水资源开发利用率分别高达106%、82%、76%和100%；南方地区的滇中、鄂北、珠江三角洲等局部区域的水资源开发利用率也接近40%。水资源短缺与经济社会发展和生态环境保护之间的矛盾，仅靠继续采取节水措施和挖掘当地各种水资源潜力难以解决，需要继续加大节水力度和污水资源化，同时谋划实施跨流域调水工程。

为解决我国北方地区水资源短缺带来的供需矛盾突出、地下水超采和生态环境恶化等问题，我国实施南水北调工程，东线、中线、西线三条纵向由南至北的线路，分别从长江的下、中、上游向北方调水，与长江、黄河、淮河和海河四条横向由西向东的河流水系相互连接，组成一个水网，形成了"四横三纵"的水资源配置骨干体系。通过对水量跨流域重新调配，可协调东、中、西部社会经济发展对水资源需求关系，达到我国水资源"南北调配、东西互济"的优化配置目标。

3. 水资源配置格局不断完善

人多水少，时空分布不均，与生产力布局不相匹配是我国基本水情。随着气候变化和人类活动影响，我国北方水资源呈现衰减趋势，加剧了水资源的南北分布不均。未来，我国海河、黄河、辽河等北方缺水流域的水资源量还将进一步衰减，江河源区冰川积雪退化造成西北河川径流自然调节能力进一步下降，南方极端水文事件发生频率将进一步上升。

　　新中国成立以来，经过 70 余年的探索发展，我国水利建设已取得举世瞩目的成就，水资源供给保障网络不断完善，形成了错综复杂的水资源调控配置体系。立足于"两个一百年"的奋斗目标，围绕补齐重大水利设施短板和保障国家水安全的要求，我国提出了 172 项节水供水重大水利工程（截至 2020 年，累计开工 142 项）和 150 项重大水利工程（其中包含 172 项节水供水重大水利工程中的 17 项），一大批不同类型、不同规模的流域性、区域性水资源配置工程陆续上马，全面提高了我国水资源优化配置、防洪减灾、灌溉节水和供水、水生态保护修复和智慧管理等水平。

　　未来，我国将按照"贯彻落实空间均衡，以调水工程为抓手，统筹布局，科学合理实施水资源配置，最终建成国家大水网"的工作总目标，以建设水资源调配、水灾害防控、水生态保护功能一体化的国家水网为核心，完善水利基础设施体系，解决水资源时空分布不均问题，提升国家水安全保障能力。

（四）水资源配置与调控关键技术

　　水资源配置技术在水利工作中具有重要地位。 在流域与区域水利规划中，它是决策分析和方案比选的工具，是确定水资源承载能力以水定发展、完成水权初始分配、分水方案制定等重要决策工作的核心部分。

　　1. 水资源配置多维整体调控方法

　　水资源系统具有天然属性和经济社会属性特点，水资源配置从基本功能上涵盖两个方面：在需求方面，通过调整产业结构、建设节水型经济并调整生产力布局，抑制不合理的需水增长，以适应较为不利的水资源条件；在供给方面，需协调各项竞争性用水，加强管理，并通过工程措施改变水资源的天然时空分布来适应生产力布局。水资源配置多维整体调控方法的目标是综合考虑水资源

水资源配置的定位和作用

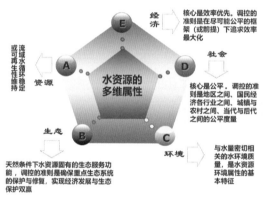

水资源配置多维调控特点

系统各个方面，以解决经济社会用水与自然生态用水的协调、可持续发展。

（1）水资源配置多维调控特点

受高强度人类活动影响，水资源呈现资源属性削弱、社会属性变异、经济属性增强、生态属性退化、环境属性下降的特点，水循环的协调性遭到一定程度的破坏。针对各类属性的不利转化，我国提出了水循环配置多维调控，形成总体效用提高的优化组合。在资源维，调控核心是水循环系统本身的稳定健康；在经济维，调控核心是效率优先；在社会维，调控核心是保障公平；在生态维，调控核心是系统的持续性；在环境维，调控核心是区域环境质量。

（2）多维整体调控技术框架

在明晰水资源多维调控特点基础上，进一步研究多维调控的分析方法和工具，通过对调控目标多层次分解和多个模型耦合分析实现多维调控合理决策，在资源、经济、社会、生态、环境五维框架下进行水资源的评价、配置、实时调控与管理。

水循环多维临界调控包括四个层次：第一层次是对多维调控目标的分解优化；第二层次是对多维调控方案的评价；第三层次是对重点调控方案进行

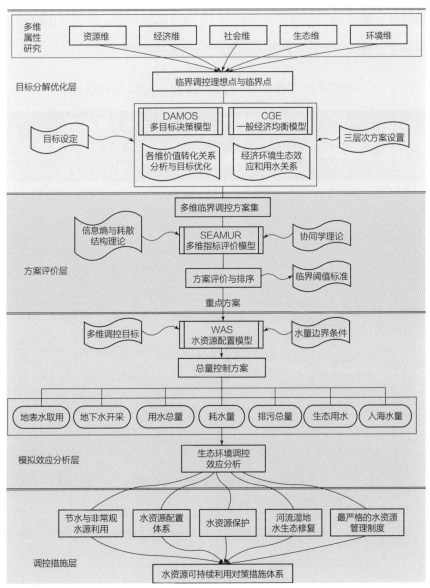

水循环多维临界调控整体框架

过程模拟；第四层次是提出水资源可持续利用对策措施体系。

（3）应用实例——海河流域多维调控

以海河流域为例，分析海河流域未来经济发展的基本定位、水利保障目标和任务，最终确定五维整体调控的 10 项协调性指标，以满足国家和流域发展需求设置理想目标（理想点）和可行的调控范围。

海河流域多维临界调控关键指标阈值与理想点

属性	关键指标	现状（2007年）	2030年理想点		阈值（调控范围）			
					长系列		短系列	
			指标值	权重	下限	上限	下限	上限
资源维	地下水超采量	81亿立方米	0	0.6	36亿立方米	0	36亿立方米	0
	地表水开发利用率	67%	40%	0.4	40%	67%	50%	67%
经济维	人均GDP	2.60万元	10.76万元	0.4	4.0万元	7.0万元	8.0万元	10.76万元
	万元GDP综合用水量	113立方米	30立方米	0.6	55立方米	30立方米	55立方米	30立方米
社会维	人均粮食产量	389公斤	375公斤	0.7	350公斤	375公斤	350公斤	375公斤
	城乡人均生活用水比（农村/城市）	0.70	0.78	0.3	0.60	0.80	0.60	0.80
生态维	入海水量	27亿立方米	75亿立方米	0.4	55亿立方米	75亿立方米	35亿立方米	65亿立方米
	河道内生态用水量		55亿立方米	0.6	28亿立方米	55亿立方米	28亿立方米	65亿立方米
环境维	化学需氧量（COD）入河量	100万吨	30万吨	0.5	80万吨	50万吨	50万吨	30万吨
	水功能区达标率	28%	100%	0.5	50%	75%	75%	100%

在 1980—2005 年偏枯水文系列条件下，经济社会用水消耗量对国民经济用水的制约作用显著。若采用基本方案设定的地下水超采量（2020 年 36 亿立方米、2030 年采补平衡）、入海水量（2020 年 64 亿立方米、2030 年 68 亿立方米）目标，即使南水北调二期工程按期实施，非常规水利用量提高到 66.5 亿立方米，仅可实现规划 GDP 目标值的 67%。因此，应以大力提高常规水资源的利用效率、加大非常规水利用量为前提，适度放宽对资源维、生态维、社会维的控制约束，实现五维整体协调。

2. 以水为脉的水资源通用配置模型技术及软件系统

我国水资源配置理论方法总体处于国际领先水平，但如何将这些方法固化变成软件产品，是制约推广应用的关键瓶颈。因此，要进一步研发适于我国水资源管理特点且能推广应用的模型技术和软件产品，并实现自主知识产权。

在水资源配置专业模型基础上，结合开源桌面地理信息系统技术、关系型数据库管理系统技术等，研发了水资源动态配置与模拟模型软件系统。该系统由产流模拟模块、河道汇流模块、再生水模拟模块、水质模拟模块和水资源调配模块等五大部分组成，可以实现对区域/流域水资源模拟、评价、水资源配置及报表输出等功能，使用户能够较快速和全面地评价研究区域水资源状况，便于水资源管理人员根据区域实际情况进行动态修正，为区域水资源的高效管理和优化配置提供决策支持。

3. 应用案例——全国水资源配置与承载力评估

根据上述方法和数据，成功构建长江、黄河、海河、淮河等全国十大流域水资源配置模型。

根据 2030 水平年全国水资源承载配置方案，在现状供水工程布局状态

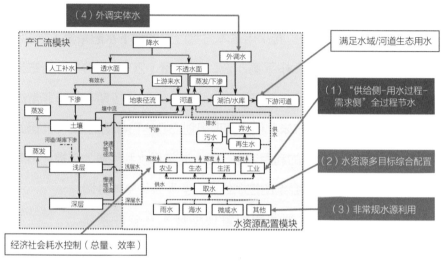

水资源配置与模拟模型技术架构

下，全国水资源承载状况不容乐观，整体表现在北方地区超载严重，尤其是海河流域、黄河中游、西北的新疆、东北的松辽流域，这些区域不利于水资源可持续发展，不利于经济社会和生态环境的健康发展，是未来调控的重点。

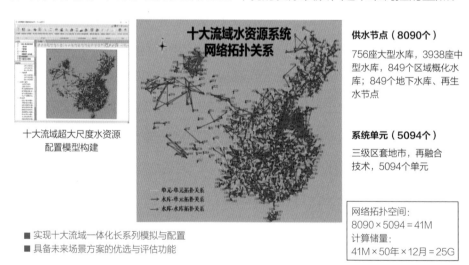

十大流域超大尺度水资源
配置模型构建

十大流域水资源系统
网络拓扑关系

供水节点（8090个）
756座大型水库，3938座中型水库，849个区域概化水库；849个地下水库、再生水节点

系统单元（5094个）
三级区套地市，再融合技术，5094个单元

单元-单元拓扑关系
水库-单元拓扑关系
水库-水库拓扑关系

网络拓扑空间：
8090×5094＝41M
计算储量：
41M×50年×12月＝25G

■ 实现十大流域一体化长系列模拟与配置
■ 具备未来场景方案的优选与评估功能

全国十大流域水资源配置模型构建

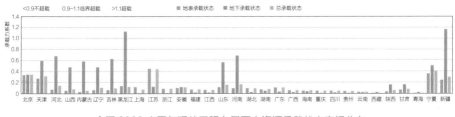

全国 2030 水平年现状工程布局下水资源承载状态空间分布

（五）世界规模最大的水资源时空调配工程——南水北调工程

天河——中国南水北调工程

为合理配置水资源，缓解北方地区水资源紧缺问题，我国实施了南水北调工程。该工程从设想、规划、建设到运行整整经历了半个多世纪，是世界上规模最大的水资源时空调配工程，也是世界上覆盖区域最广、调水量最大、工程实施难度最高的调水工程之一。

1. 三条巨龙、各有特色

南水北调工程规划建设严格遵循"先节水后调水，先治污后通水，先环保后用水"的原则，在水资源合理配置的过程中，正确处理节水、治污与生态环境保护和经济社会发展与水资源的开发利用之间关系。工程分别在长江下游、中游、上游规划了三个调水区，形成南水北调工程东线、中线、西线三条调水线路，各线路长度均超过 1000 公里。

（1）东线工程

东线工程起点在长江下游的扬州，终点在天津，供水范围涉及苏、皖、鲁、冀、津等 5 省（直辖市）。东线工程从扬州附近抽引长江水，利用京杭大运河及与其平行的河道为输水主干线和分干线逐级提水北送，并连通作为调蓄水库的洪泽湖、骆马湖、南四湖、东平湖，在位山附近通过隧洞穿过黄河后可以自流，黄河以北线路自穿黄工程出口，经小运河、六五河、南运河等输水至九宣闸到天津。

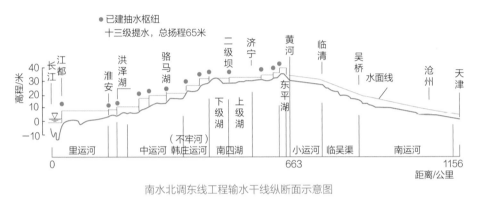

南水北调东线工程输水干线纵断面示意图

　　东线工程输水主干线长 1156 公里，其中黄河以南 646 公里，穿黄段 17 公里，黄河以北 493 公里。输水渠道的 90% 可利用现有河道和湖泊。全线最高处东平湖的蓄水位高于长江水位约 40 米。黄河以南设 13 个抽水梯级，总扬程约 65 米。东线工程可解决江苏北部、山东东部和河北东南部农业用水问题，以及津浦铁路沿线和山东半岛的城市缺水问题，并可作为天津市的补充水源。

（2）中线工程

中线工程从长江最大支流汉江中上游的丹江口水库东岸岸边引水，经长江流域与淮河流域的分水岭南阳方城垭口，沿唐白河流域和黄淮海平原西部边缘开挖渠道，在河南省荥阳市王村通过隧洞穿过黄河，沿京广铁路西侧北上，跨经长江、淮河、黄河、海河四大流域，全程自流到北京、天津。

航拍南水北调中线一期工程

中线工程输水总干渠从陶岔闸至北京全长 1277 公里，其中黄河以南

493公里，黄河以北784公里。天津干渠从河北省徐水分水，全长155公里。中线工程重点解决河南、河北、天津、北京4省（直辖市）水资源短缺问题，为沿线郑州、石家庄、保定等20多个大中城市提供生活和生产用水。

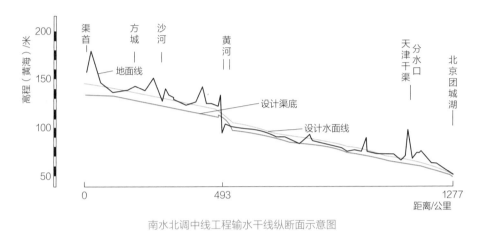

南水北调中线工程输水干线纵断面示意图

（3）西线工程

目前，西线工程处于前期研究论证阶段，计划从长江上游调水至黄河，即在长江上游通天河、长江支流雅砻江和大渡河上游筑坝建库，采用引水隧洞穿过长江与黄河的分水岭巴颜喀拉山，调水入黄河。西线工程主要解决青、甘、宁、蒙、陕、晋等6省（自治区）黄河上中游地区和渭河关中平原的缺水问题。结合兴建黄河干流上的骨干水利枢纽工程，还可向邻近黄河流域的甘肃河西走廊地区供水，必要时也可向黄河下游补水。

2. 技术难点、关键技术

南水北调工程是一项规模宏大、涉及范围广、影响十分深远的战略性基础工程。在建设过程中遇到多个前所未有的复杂性、挑战性问题。南水北调工程点多、线长，东、中线一期工程包含单元工程2700多个，不仅有一般水利工程的水库、渠道、闸门等工程，还有大流量泵站、超长超大洞径过水隧洞、超大型渡槽、暗涵等。

（1）东线泵站群工程

东线工程因黄河以南地势南低北高，需要逐级提水，相当于每年要将100多亿吨的水提到十多层楼高。为此，东线一期工程设立了13个梯级泵站，共22处枢纽、34座泵站，总扬程65米，总装机160台，总装机容量36.62万千瓦，总装机流量4447.6立方米每秒。这些泵站的特点是扬程低、流量大、年运行时间长，对机组可靠性、运行效率要求高。

东线工程开工前，我国类似泵站装置效率一般不足70%，在大型贯流泵站建设方面缺乏成熟经验，相关技术和设备主要依赖进口。东线工程系统开展了"大型贯流水泵关键技术与水泵站联合调度优化"研究，开发了高性能的2套贯流水泵装置和4组贯流水泵水力模型，综合性能指标达到国际先进水平。目前，东线工程建成了世界上规模最大、大型泵站数量最集中的现代化泵站群，在水泵水力模型以及水泵制造水平方面均达到国际先进水平。

南水北调工程东线泵站厂房

（2）东线工程治污

东线工程开工建设之初，沿线水质污染十分严重，输水干线水质多为IV类、V类和劣V类，海河流域全部为劣V类，沿线36个考核断面仅有1个水质达标。东线工程既要保证沿线区域经济的发展，又要削减80%以上入

南水北调东线输水河道（东线治污前）

　　东线治污开始前，南水北调东线输水河道沿河生活污水、船舶废污水直接入河。

河污染量。

　　为此，东线工程根据循环经济发展观，制定了一条"治、用、保"的科学治污之路。其中"治"就是调整产业结构，实行清洁生产、减少农药和化肥使用、建设污水处理设施等措施，减少污染物的产生；"用"就是加强水的循环利用，建设再生水厂和再生水截蓄导用工程，尽可能让再生水进入本地区的水循环加以利用；"保"就是通过退耕还湿、退耕还林，建设人工湿地等措施，修复生态系统，提高水体自然净化能力，促进河湖生态健康发展。最终，东线工程沿线主要污染物排放总量削减达 80% 以上，沿线 36 个考核断面全部达到输水水质要求，沿线生态环境得到持续改善。

治理后的山东省南四湖

　　随着东线治污进展，南四湖由原来鱼虾绝迹的"酱油湖"，变成了碧波荡漾、生物多样性显著增强的生态湖。

　　（3）丹江口大坝加高

　　中线工程中，丹江口大坝需要在原大坝老混凝土后坡和顶部浇筑混凝土进行加高。由于新老混凝土存在差异，新浇混凝土在硬化过程中产生胀缩变形，在内外部温差和年际温度变化的作用下，将对结合面和坝体应力产生影响。

工程团队根据混凝土的特性，采取多种措施：一是控制混凝土热胀冷缩，使新浇混凝土变形尽量减小；二是在老混凝土上切割键槽，并设置水泥灌浆装置，使新老混凝土尽量咬合；三是在老混凝土上打一些锚筋，加强新老混凝土的结合。通过多次科学试验，工程团队研究出旧坝体结构拆除的新技术和新工艺，掌握了新老混凝土结合面处理的关键技术和温控措施，不仅确保了丹江口大坝加高工程的质量和安全，也为水电工程混凝土大坝加高和水利枢纽改造提供了借鉴。

（4）中线穿黄工程

中线穿黄工程是南水北调工程中规模最大、单项工期最长、技术含量最高、施工难度最复杂的交叉建筑物。主要建筑物包括南岸明渠、退水建筑物、过河建筑物、北岸明渠及交叉建筑物等。穿黄隧洞为双线有压输水隧洞，单个洞长 4250 米、内径 7 米。工程地处 Ⅶ 度地震烈度区。工程设计时需要面对河床游荡、河槽深度冲淤、复杂地质条件、砂土地震液化、软土震陷、隧洞渗漏、围土稳定、大型超深竖井、长距离盾构隧洞施工，以及输水安全与长期运用等一系列技术难题。

在工程建设中，针对穿黄隧洞工作条件与建筑物形式、衬砌结构受力与变形特性、大型盾构工作竖井结构

南水北调中线穿黄隧洞示意图

特性、抗震技术等技术难题进行攻关，开展 1∶1 仿真试验，为整体提升技术理论水平提供试验依据。穿黄隧洞工程关键技术研究解决了多项难题，如针对大型长距离输水盾构隧洞，在考虑多种复杂地质因素的基础上，分析了软土结构的地震响应；用数值模拟分析方法，模拟隧洞装配式管片结构接缝在地震过程中的开合，解决了穿黄隧洞内、外衬砌之间的接触问题；发展和完善了适用于穿黄隧洞工程的三维仿真非线性有效应力地震反应分析方法。

（5）膨胀土处理

中线工程有近 1/3 的渠道穿越膨胀土地区。膨胀土具有吸水膨胀、失水收缩开裂且反复胀缩变形等性质。膨胀土的膨胀潜能很大，含水量的轻微变化就足以引起建筑物的有害膨胀。

中线工程对膨胀土开展了广泛研究，建立了膨胀土研究和分析方法，并编制了相应的试验规范。通过膨胀土渠道的现场试验研究，在膨胀土的试验技术、分析理论等方面取得大量成果，在工程设计中针对膨胀土不同性状，采用水泥改性土置换、适当设置抗滑桩、放缓设计边坡、加强排水、降低地下水位等综合工程措施，解决膨胀土施工问题。在具体施工中采用水泥改性土掺拌、土工格栅碾压等施工技术措施，攻克了膨胀土处理施工的难题，取得了突破性进展。

（六）国家智能水网建设

水安全保障和水治理现代化问题是国际上普遍关心的全球性问题，也是我国可持续发展面临的重大战略问题。在新时期治水需求和技术进步驱动下，建设智能水网成为当前各国和相关机构的战略选择。

1. 智能水网是解决我国水问题的综合性载体

新中国成立后，尤其是改革开放以来，水利工程大量兴建，水管理能力不断加强，但水安全保障仍面临诸多问题和威胁。防洪安全方面，应对极端灾害和突发事件的能力亟待加强；供水安全方面，整体上仍具有紧平衡低水平特征，局部问题突出；水生态安全方面，局部水环境恶化趋势仍未得到遏制，部分区域地下水超采和水土流失问题依然严重。

系统解决我国复杂的水安全问题，核心任务是科学解析水安全保障的构成部件，明晰国家水安全保障能力的实现途径，构建具有系统性和可操作性的水安全问题集成解决方案和依托载体。智能水网是驱动水治理现代化的集成载体，能有效承担起引领新时代水利现代化建设的根本任务，实现传统水利向现代水利的跃迁。

2. 智能水网概念内涵与特征解析

现代水网具有二元化（"元"即元素）结构特征：从构成维度来看，由"自然＋社会"二元构成，包括自然的江河湖泊水网和人工配、供、排、回用网；从要素维度来看，包括"水流＋水基"二元要件，水流要素包括量、质、流、域、生，水基要素包括河床、湖盆、蓄水层、渠道、管道、岸堤等；从功能维度来看，具有"生态环境＋经济社会"二元功能。

二元水物理网是人类治水实践的物质载体，但水物理网要实现其多元化目标和功能，除了完善的物理网络体系外，还需要信息支持和决策支持，前者需要通过信息网络的传递来实现，后者需要通过管理网络的调控来实现。水物理网相当于人体的肌体骨骼系统，水信息网相当于神经系统，水管理网相当于大脑中枢系统，三者协同作用，才能完成内心期望的行为或对外部刺激作出有效反应。

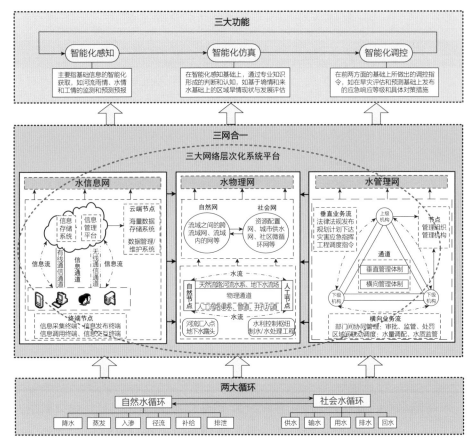

智能水网基本架构

　　智能水网是水物理网、水信息网、水管理网"三网"耦合形成的复合网络系统，"三网合一"是智能水网高效运作和效益发挥的关键。智能水网充分运用云计算、物联网、大数据、移动互联、数字孪生、人工智能、区块链等信息技术，将自然河湖水系网络和社会的取、供、输、排水渠系或管道网络系统，以及蓄、泄和堤防体系等工程网组成的水网与信息网络高度融合，构建"蓄得住、排得出；流得畅、调得活；控得准、管得好"为基本特征的现代流域水循环调控基础设施体系与智能管理系统。

智能水网——"三网合一"复合系统

类型	单元	内　容
水物理网	通道	自然河湖水系、人工输配水渠系管网
	节点	河流水系汊点、水利枢纽、输配水节点
	流	水流
	规则	水动力学规律
水信息网	通道	有线传输通道、无线传输通道
	节点	信息采集点、信息汇聚交换点、管理控制平台
	流	信息流
	规则	数据标准、网络协议、传输协议
水管理网	通道	纵向调度管理体制、横向调度管理体制
	节点	不同层次管理单元与组织机构
	流	业务流
	规则	调度规程、工程运行管理制度

智能水网的英文为 Smart Water Grid，其智能化表征也可以概括为 SMART，S 代表安全性（Security）、M 代表可测度性（Measurability）、A 代表可控（达）性（Accessibility）、R 代表资源优化性（Resource-optimization）、T 代表技术先进性（Technological-innovation）。

3. 智能水网建设的关键技术

传统的建设模式是三网分开建设，重工程、轻管理、略生态，导致水网工程"一网多能"的效益没有完全发挥出来。新时期的水利建设方向，在目标上要更加重视"空间均衡"，在思路上要更加"系统治理"，在手段上要突出"生态"和"智慧"技术的应用。鉴于水物理网、水信息网和水管理网的建设技术具有各自特点，我国探索提出了"3+3+3"关键技术体系，即 3 项水物理网建设、3 项水信息网建设和 3 项水管理网建设的关键技术体系。

（1）水物理网建设关键技术

一是近自然的河湖生态治理技术。针对我国河湖管理面临着水域面积减少、基本功能减弱、生态环境质量下降等问题，重点攻克水域岸线保护红线划定、生态护岸构建、水体修复等技术。

二是水基础设施网络系统规划技术。针对水基础设施过去重视单个工程的规划建设，整体性不足、协调能力不强，供水、防洪、生态等综合效益不能充分发挥等问题，以河湖水系连通为对象，亟须攻克功能与问题识别、规划需求分析、规划方案甄选和规划效果评估等技术。

三是复杂条件大型水工程安全友好建设技术。未来，我国的高坝大库多集中在西部地区，自然环境恶劣，生态环境脆弱，施工建设难度大。因此需要探索应用新材料、新技术、新工艺和新设备，提升复杂条件下的工程建设能力；加强大数据、云计算等现代信息技术的应用研究，推动水电行业不断升级。

（2）水信息网建设关键技术

一是智能传感与多源立体监测组网技术。重点研制接触式和非接触式流量在线监测设备和高寒高海拔水文要素在线监测设备，解决水信息立体监测面临的主要问题。

二是多源水信息融合与挖掘技术。多源水信息融合与挖掘存在尺度效应和不确定性等问题，需要重点研究多源降水数据融合、土壤含水量和蒸散发多源数据融合同化、地下水多源数据融合、社会经济统计数据的空间化和基于多源数据融合的数据挖掘等技术。

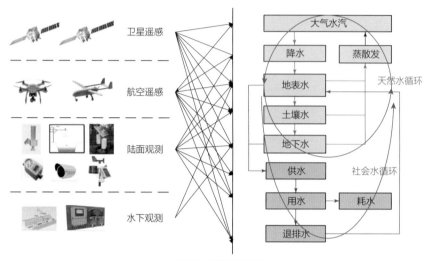

水循环立体监测示意图

三是水信息多尺度预测预报技术。 水文节律非稳态增强和不确定性加剧，给提高不同尺度降水和水文水资源预报预测精度带来了难题。需要重点研究短中长期气象预报、水文预报理论与模型、中长期水资源预报、水文水资源预测预报云平台集成等。重点突破局地高强度暴雨定量预报技术，攻克无资料或少资料地区的水文水资源预测预报难题，以及中长期水资源预报。

（3）水管理网建设关键技术

一是实践驱动的水资源优化配置新技术。结合国家水权制度建设和水资源承载力监测预警机制建设的需求，需要重点研究基于准则的水量分配、泛域化水资源综合配置、数据驱动的水资源智能配置等技术。

二是复杂水资源系统多目标综合调度技术。梯级水库群联合调度面临着在水文气象、调度模式、供需矛盾、电网拓扑结构等多因素作用下如何寻求多目标协同效益最优的难题，需要攻克梯级水库群的"防洪－供水－生态－发电"综合调度、联合蓄放水调度及应急调度、多目标调度模型集成等技术难题。

三是水利工程群非线性耦联智能控制技术。需开展渠道运行方式、控制方式和闸门控制算法的适用性和匹配性研究，分段子系统渠道水力特性对控制系统影响的物理机制研究，能够处理常态和应急工况的闸泵群全自动控制平台研发等。

4. 国家智能水网工程建设方向和作用

智能水网被许多国家作为解决区域水问题的重要途径并付诸实施。我国长期的水利建设和发展已为智能水网工程的建设奠定了良好基础。基于"四横三纵"的水资源配置格局开展江河整治和生态保护，国家正在组织开展河湖水系连通、172 项节水供水重大水利工程和 150 项重大水利工程等水利基础设施网络建设；以"金水工程"为龙头，建设并不断完善国家防汛抗旱指挥系统与平台，推进国家水资源管理系统建设和国家地下水监测工程建设；创新水利发展的体制机制，深入推进最严格的水资源管理制度和河（湖）长制。此外，智能电网、智能交通网等其他领域的探索也为智能水网的建设提供了有益借鉴和参考，为推进国家智能水网工程建设提供了良好的基础和环境。

未来，国家智能水网工程具体建设方向包括：

一是以空间均衡和高效利用为核心的国家水物理网建设。通过江河湖库治理工程、枢纽调蓄工程和蓄滞洪区的合理布局，降低洪涝灾害潜在风险。通过优化水源工程结构，建设人工输配水工程体系，提升区域间水资源互调互济能力和区域内水资源开发利用水平，提高抗旱能力。强化水利工程在规划、设计和建设阶段的生态适应性论证，通过建设生态补水工程、重要生态景观修复工程，降低水资源开发利用对生态系统的破坏程度，逐步恢复水生态系统服务功能。

二是以全面感知和智能辅助决策为核心的国家水信息网建设。 建设雨情、水情、工情智能化监测体系，增强对潜在水安全风险的预测感知能力。建设智能化二元水循环模拟和水网工程运行仿真系统，提高水资源调度决策的系统性和针对性。建设远程化、自动化、智能化的水利工程运行调控系统，支撑精细化水资源管理和调度模式。

三是以科学决策和精准控制为核心的国家水管理网建设。 贯彻民生水利、人水和谐等新时期治水理念，不断完善洪水风险管理、最严格水资源管理、水生态文明和河（湖）长制等制度体系，为水资源管理提供顶层制度指导。不断提升"自然－社会"二元水循环模拟和预报能力，夯实水资源调度决策的科学基础；研发和应用复杂水资源系统的防洪、供水、灌溉、发电、航运等多目标分析和决策技术。建设水资源调度决策会商平台，提升复杂水系统的调度能力；大力推进水资源系统调度的控制与执行体系建设，保障调度指令精确和及时实施。

四、灌溉文明——独具特色的农业灌溉

中国5000多年的农耕文明产生了类型丰富、数量众多的灌溉工程，灌溉排水是中国农业发展的命脉，也是国家粮食安全的基石。新中国成立以来，在党中央的坚强领导下，我国灌溉事业得到了长足发展，形成了比较完善和独具特色

中国灌排事业
的发展

的灌溉排水工程体系，夯实了粮食生产基础；农田灌溉面积从新中国成立之初的2.4亿亩发展到2020年的11.1亿亩，在约占全国耕地面积一半的灌溉面积上，生产了占全国总量近75%的粮食作物和90%的经济作物，有效保障了国家粮食安全。

（一）灌溉大国——灌溉面积世界第一

我国是一个水旱灾害频发的农业古国，兴修水利、发展灌溉是历代安邦治国的基本职责，完善的农业水利建设推动了农业生产的发展，创造了为世界赞誉的灌溉技术成就。

1. 新中国成立以来灌溉排水事业发展历程

新中国成立后，我国农田水利事业快速发展。根据灌溉排水事业的发展状况，可分为两个阶段。

第一阶段：1949—1977年。这一时期新建了淠史杭等大型灌区207处，改造扩建了都江堰、青铜峡等大型灌区，全国灌溉面积比新中国成立初期扩大了2倍以上；兴建了大量的水库和灌溉排水工程；全国70%以上的易涝

耕地、48%以上的盐碱地和60%左右的低产田得到不同程度的治理，奠定了我国灌溉排水骨干工程的基础。

在灌区建设布局上，结合淮河、黄河、海滦河治理，在黄淮海平原区修建了大量蓄水、灌溉和排水工程，灌溉面积占耕地面积的比重由20%增加到70%，成为我国小麦、玉米、棉花等旱作物主要产区；在黄河上中游地区修建了一些大功率、高扬程的电力提水灌溉泵站，建设了宁蒙河套、陕西渭北等灌区，从根本上改变了黄河两岸高台地农业生产面貌。长江中下游地区，灌区建设主要集中在沿江滨湖区和浅山丘陵区，在湖北江汉平原、湖南洞庭湖区、江西鄱阳湖区、江苏太湖流域和里下河地区等沿江滨湖区，兴建大型排灌泵站、筑堤建闸等提引结合的大中型灌区，实行灌排两用；在沿江平原两侧浅山丘陵区，通过兴建大中型水库，连接小型塘坝和小型引水工程，形成蓄引提相结合的"长藤结瓜"型灌区，为复种指数的大幅度提高创造了条件。

第二阶段：改革开放以来。这一时期，由于已修建灌区、灌排泵站和机井的配套和技术改造，以及涝渍田、盐碱地治理和坡耕地改造，农业综合生产能力显著提高。黄淮海、长江中下游、东北地区粮食主产区的地位基本确立，"北粮南运"的格局初步形成。

随着经济社会快速发展，水资源短缺成为制约国民经济和农业发展的瓶颈，粮食安全和生态环境安全等问题日益突出，农业可持续发展面临严峻挑战。2015年，国务院出台《关于落实发展新理念加快农业现代化实现全面小康目标的若干意见》，把农田水利作为农业基础设施建设的重点，要求到2020年农田灌溉水有效利用系数提高到0.55以上。截至2019年末，全国节水灌溉工程面积为5.56亿亩，农田灌溉水有效利用系数提高至0.559。

2. 我国灌溉排水事业发展的意义和价值

我国以全球约 6% 的淡水资源和 9% 的耕地，保障了全球近 1/5 人口的温饱和经济发展，对世界粮食安全作出了重要贡献。

发展灌溉面积是提高粮食产量的主要措施之一。建党百年来，我国灌溉面积不断增加，目前居世界首位。灌溉耕地粮食产量占全国粮食总产量的 75% 左右，灌溉耕地的粮食生产能力是非灌溉耕地的 2 倍。据测算，2001—2010 年的 10 年间，灌溉对我国粮食增产的贡献率约为 55%。

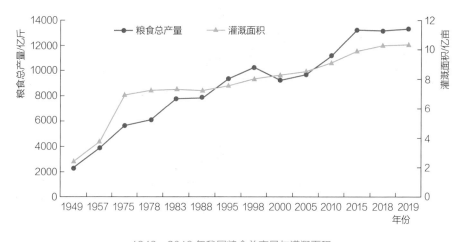

1949—2019 年我国粮食总产量与灌溉面积

许多古老的灌溉工程，至今还在为人们提供生活和灌溉水源。郑国渠、都江堰、宁夏引黄古灌区以及河套灌区等灌溉工程遗产不仅是工程效益的传承，也是中华民族的文化记忆。

2014 年以来，经由各国灌溉排水委员会的推荐和国际评委会的评审，全球共有 105 处古代灌溉工程被收录为世界灌溉工程遗产。截至目前，我国是拥有遗产工程类型最丰富、灌溉效益最突出、分布范围最广泛的国家，有包括都江堰灌区、溇史杭灌区和河套灌区 3 个特大型灌区在内的 23 处灌溉工程被成功收录。2018 年中央一号文件明确提出"保护灌溉工程遗产",将灌溉遗产的保护工作提到了更高的高度。希望通过共同保护,让中华大地上美轮美奂的古代灌溉工程、丰富多彩的灌溉文化,依然充满生命力,让历史文化在流水潺潺的水渠中、在生机勃勃的田野中得到永恒。

都江堰宝瓶口

淠史杭灌区芍陂蓄水工程

河套灌区总干渠第四分水枢纽

福清市天宝陂

(二)日臻完善——大中型灌区建设与配套

灌区是具有一定保证率的水源,有统一的管理主体,有完整的灌溉排水工程系统控制及保护的区域。大、中型灌区是我国粮食生产的主力军,控制面积在 30 万亩及以上的灌区为大型灌区,控制面积在 1 万 ~30 万亩的灌区为中型灌区。全国灌区灌溉面积从 1949 年的 2.4 亿亩增加到 2020 年的

11.1 亿亩，占世界总量的 20% 左右，居世界首位。

1. 灌区的发展历程与现状

新中国成立 70 年来，灌区建设可分为四个时期。

1949—1977 年，是灌区建设"白手起家"时期。新中国成立初期，国家面临的第一个大问题是解决人民的吃饭问题。在这一时期，新建了 207 处大型灌区，改造扩建了都江堰、青铜峡等大型灌区，兴建了大量的水库和灌溉排水工程。同时，全国 70% 以上的易涝耕地、48% 以上的盐碱地和 60% 左右的低产田得到不同程度的治理。全国农田灌溉面积从 2.4 亿亩增加到 7.2 亿亩，粮食总产量从 2264 亿斤提高到 6096 亿斤，粮食自给率高达 98% 以上，奠定了我国灌溉排水骨干工程的基础。在灌区建设布局上，黄淮海平原区修建了大量蓄水、灌溉和排水工程，形成了 4 个大中型灌区集中地带以及黄淮海腹地的井灌区，成为我国小麦、玉米、棉花等旱作物主要产区。

都江堰灌区渠首

1978—1997 年，是灌区建设"茁壮成长"阶段。1978—1987 年，灌区建设以完善和发展为主，农田灌溉面积基本不变。土地承包政策调动了广大农民种粮的积极性，全国粮食总产量从 1978 年的 6096 亿斤提高到 1983 年的 7746 亿斤，但其后 5 年，粮食总产量却一直徘徊不前。1988—1997 年，灌溉面积进入恢复阶段。北方地区重点实施了黄淮海平原跨省灌排骨干工程项目，新增农田灌溉面积 330 万亩，改善农田灌溉面积 500 万亩，有力地促进了北方干旱区的粮食生产，北方地区成为国家粮食主产区。

1998—2020 年，是灌区建设"配套完善"阶段。20 世纪 90 年代，水利部组织专家对全国 195 处大型灌区的工程设施状况进行了调查评估。结果显示，40% 渠系建筑物老化失修，30% 渠道工程病险严重，机电设备长期带病运行。水利部组织开展了以"两改一提高"为核心（工程改造、管理体制与运行机制改革、提高效率）的全国大型灌区续建配套与节水改造规划编制工作（列入范围的大型灌区共有 434 处），大型灌区灌溉面积由 2.4

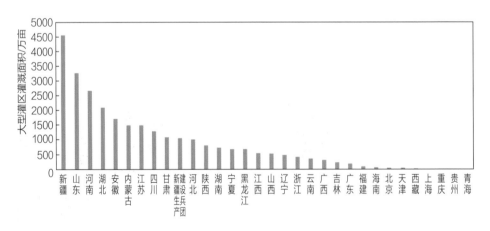

2019 年大型灌区灌溉面积

亿亩提高到 2.8 亿亩，改善灌溉面积 15145 万亩，灌排基础设施薄弱、灌溉效益衰减的状况得到明显改善。

河南南湾灌区南干渠改造前（左）后（右）对比

截至 2020 年末，我国大型灌区共有 460 处，分布在新疆、山东、河南等 27 个省（自治区、直辖市）和新疆生产建设兵团的 1104 个县（市、区、团场）。按灌区主要取水方式统计，大型灌区中的 44 处为蓄水灌区，195 处为引水灌区，38 处为提水灌区，其他 183 处为蓄引、蓄提、引提和蓄引提相结合灌区。

大型灌区面积分布区间

划分区间 /万亩	个数 /处	规划灌溉面积		现状灌溉面积	
		规划 /万亩	占全国大型灌区比例 /%	现状 /万亩	占全国大型灌区比例 /%
30~50	299	10375	32	9621	34
50~150	126	10326	32	8278	30
> 150	35	11413	36	10120	36

2. 大中型灌溉排水泵站发展历程与现状

我国泵站建设的特点是发展速度快、类型多、规模大、范围广。已建成大面积排灌泵站的地区有长江三角洲、洞庭湖地区、江汉平原、珠江三角洲及西北的高原灌区等。就灌溉排水泵站的发展来看，大致经历了以下6个阶段。

起步阶段，即新中国建立初期的三年国民经济恢复期和第一个五年计划（1953—1957年）时期。该阶段工作重心主要围绕着解放人力，建设蓄力水车。此阶段实现了我国灌溉排水泵站初步建设，经济较好的东部地区首先建设了一批中小型泵站，机电灌溉排水工程动力保有量达到40万千瓦。

稳步发展阶段，即第二个五年计划（1958—1962年）和随之而来的三年国民经济调整时期。该阶段主要以兴建中、小型机电灌溉排水泵站为主要工作。此阶段落后的技术设备被逐渐淘汰，具有先进技术的电力灌溉排水泵站开始占据主要位置。到该阶段末，灌溉排水泵站动力保有量达到200多万千瓦，且其中50%的保有量是由电力灌溉排水泵站支撑的。

快速发展阶段，即"文化大革命"时期（1966 1976年）及随后的两年。在这个阶段中，兴建的灌溉排水泵站普遍存在规模大、工期短的特点，导致部分设备选型不匹配，工程质量不达标等问题，加上运行管理不到位，导致泵站未能完全发挥应有的效益。但经过这个时期的建设，我国灌溉排水泵站数量达41万处，动力保有量达到1500万千瓦。

调整整顿阶段，即党的十一届三中全会（1978年末）以后至20世纪90年代初。在这一阶段，社会各界对水利的作用的认识不断提高，同期农村开展家庭联产承包责任制改革，灌溉排水泵站的建设进入调整阶段。这期间工作重点倾向于加强管理和技术改造，工程建设的速度开始放缓，全国动力保有量约 2000 万千瓦。

管理体制改革及更新改造起步阶段，即 20 世纪 90 年代中期至 2008 年。从 1957 年秋冬开始，全国范围的农田水利建设运动全面展开，但由于初期投资小，主要工作是对现有泵站的维修和简单的技术改造，以保证正常运行。到 1998 年，我国遭受特大洪水和严重干旱，损失严重，中央及地方政府开始高度重视灌溉排水泵站的建设，先后颁布文件推动灌溉排水泵站在内的水利工程管理体制改革。2006 年，湖北、湖南、江西和安徽等省份启动了大型排涝泵站更新改造工作，推动了全国泵站管理水平的进步。

更新改造及规范管理阶段，即 2009 年至今。这一阶段，灌溉排水泵站工作重点集中于更新改造及规范管理，进入向现代化转型的阶段。期间，我国对多项国家及行业标准进行了修订，进一步规范了灌溉排水泵站管理。2011 年中央一号文件指出"实施大中型灌溉排水泵站更新改造，加强重点涝区治理，完善灌排体系"，截至 2019 年末，24 个省（自治区、直辖市）共审查批复 243 个项目，并下达了更新改造投资计划。

目前，我国现有大型灌排泵站共计 450 处，由 5250 座泵站组成，设计流量 35857.51 立方米每秒，设计灌溉面积 17729.9 万亩，设计排涝面积 15857.3 万亩。大型灌排泵站已成为

宁夏固海灌区长山头泵站

我国农业生产的重要基础设施和防洪排涝体系的重要组成部分，为农村经济社会发展和区域生态环境改善提供支撑和保障，在抵御水旱灾害、确保农业稳产高产、保障粮食安全、促进农村经济可持续发展、缓解农村饮水安全压力和改善农村生态环境等方面发挥了重要作用。

（三）节水优先——高效节水灌溉快速发展

粮食生产用水需求巨大，农业用水长期占全国总用水的 60% 以上。集约节约高效利用水资源，成为中国农业尤其是灌溉农业发展的必然出路和优先选择。从 20 世纪 80 年代起，我国开始发展高效节水灌溉，从无到有，目前已建成世界上规模最大的农业高效节水体系，开始形成规模与技术融合的现代灌溉农业体系。

高效节水灌溉是对除土渠输水和地表漫灌之外所有输、灌水方式的统称。根据灌溉技术发展的进程，输水方式在土渠的基础上大致经过防渗渠和管道输水两个阶段；灌水方式在地表漫灌的基础上发展为喷灌和微灌，并结合新技术的推广与应用，发展了更为精准的高效节水灌溉技术。高效节水灌溉技术通过在不同地区的推广应用，结合区域自然地理条件，形成了不同的区域节水灌溉技术模式。

1. 高效节水灌溉技术

高效节水灌溉技术主要有以下几种：

（1）精量滴灌技术

滴灌，是让水瞄准作物的根部，一滴一滴地流出，在重力和土壤毛细管作用下，均匀而缓慢地渗入土壤，使作物主要根区的土壤一直保持最适于植物生长的湿润状态。1996 年，新疆生产建设兵团从以色列引入滴灌技术，经过近 5 年的科研攻关，成功开发出适合我国农业耕作高效节水的滴灌技术。随着水溶性肥料的普及，滴灌向水肥一体化方向发展。智能灌溉施肥装置的问世进一步提升了作物水肥精量施控管理水平，基于物联网、大数据和云平台等新一代用水监控信息技术，结合气象、土

内蒙古河套灌区膜下精量滴灌技术

壤墒情传感和作物生长、病虫害感知，内置优化作物生长生理判断模型，可动态提示作物需水需肥情况，实现精量灌溉、精准施肥。

（2）变量喷灌技术

喷灌，是指借助水泵和管道系统或利用自然水源的落差，把具有一定压力的水喷到空中，散成小水滴或形成弥雾降落到作物和地面上进行灌溉。变量喷灌是通过将整个田块划分成一些性质相对均匀的地块，进行分区灌溉管理，实现灌溉水的实时、适量、适位供应。大型喷灌机变量灌溉系统主要通过控制电磁阀脉冲周期实现变量喷洒。我国变量喷灌技术的研究始于"十二五"期间，2014 年建成了国内第一套拥有自主知识产

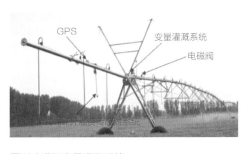

圆形喷灌机变量灌溉系统

权的圆形喷灌机变量灌溉系统，解决了多项关键技术难题，如为了实现变量水深的精准控制，发明了将电磁阀脉冲周期设置为喷灌机走、停时间最大公约数的新方法等。

（3）精细地面灌溉技术

地面灌溉是一种最为广泛的田间灌溉方法，其特点是灌溉水流进入田块后直接以田面为载体流动，水流在田块内不断推进并入渗到土壤中，需要花费很多的水量才能使灌溉水流推进到田块尾部，田间灌溉水利用系数低。

精细地面灌溉技术体系，以激光控制平地技术为支撑条件，以地面灌水过程精量控制技术为控制手段，以精细地面灌溉系统设计和优化评价方法为核心基础，构建一体化技

激光控制平地作业现场

术集合体。然而，激光控制平地技术因设备昂贵，在我国推广应用起步时间较晚。自1995年以来，经过近20年的研究形成了完整的激光控制平地技术应用体系，并编制了相应的技术应用规程，为激光控制平地技术大面积推广应用和高标准农田建设与农业灌溉现代化发展提供了强有力的技术支撑。

2. 区域节水灌溉模式

不同节水灌溉模式有不同的特点和效益，全国推广高效节水灌溉技术的政策思路是分区域、规模化的集中行动，东北、华北、西北和南方地区推广思路各有侧重。区域节水灌溉模式主要有以下几种。

（1）东北节水增粮技术模式

东北节水增粮技术模式以适应现代灌区发展为需求，以提升灌区水稻生产能力为载体，集成灌排工程、田间管理等节水技术，实现输水渠道装配化、排水沟道生态化、田间工程标准化和灌区管理信息化。在灌排工程节水方面，采用单灌单排、灌排一体化灌溉方式及灌溉系统梯级循环利用模式，渠道采用装配式技术、工厂化预制、配套渠系

东北稻田节水灌溉

防渗防冻胀技术措施，有条件的地区以管代渠，发展管道灌溉，提高土地利用率和输配水效率。在田间节水方面，满足"适度规模化、全程机械化、高度集约化"现代灌区发展的新需求。田间采用控制灌溉及水肥一体化节水减污技术，亩均节水量在 100 立方米以上。在管理节水方面，建立集信息采集、分析、决策和控制一体化灌区信息管理系统，实现按需供水、优化配水，提高灌区运行和管理水平。

2012—2015 年，财政部、水利部、农业部联合在东北地区开展"节水增粮行动"，形成了有效的粮田滴灌节水增粮技术模式，主要有以下 3 项：

东北玉米膜下滴灌大垄双行种植模式
1—地膜；2—玉米；3—滴灌带

一是寒地玉米膜下滴灌水肥一体化技术集成模式。以阶段性覆膜和滴灌水肥一体化为关键技术，解决玉米生长前期寒地有效积温不足、生长后期追肥困难的问题，

提高水肥利用效率。

二是辽西半干旱区玉米膜下滴灌光水双高效综合技术模式。立足于"光水利用效率"的提高,以工程管网优化技术、光水双高效利用技术、智能化精准灌溉技术为核心,集成辽西地区玉米膜下滴灌从整地、播种、施肥、灌溉到收膜等全过程节水增效技术体系。

三是内蒙古东部露地玉米浅埋滴灌综合节水技术集成模式。利用玉米浅埋滴灌铺带播种一体机将滴灌带浅埋 1~3 厘米,集成工程管理技术与水肥一体化技术,创新性地提出露地玉米浅埋滴灌技术,在通辽地区示范和辐射应用近 50 万亩。

（2）华北节水压采技术模式

开源与节流是华北节水压采的两大基本途径:一方面多渠道增加水源补给,实施河湖地下水回补,提高区域水资源水环境承载能力;另一方面通过节水、农业结构调整等措施,压减地下水超采量,执行最严格的水资源管理制度,从工程措施上保证能够实施水资源的总量控制和定额管理,在基本稳定农民收益的情况下采取相应的节水压采技术应用模式。

开源方面,实施地表水水源置换工程,应用地面入渗回补技术、管井注入回补技术进行地下水回补。节流方面,重点实施农业节水措施,调减高耗水作物种植面积,大力推广节水品种使用量;加强节水灌溉工程与管理能力建设,大田

高效节水灌溉方法——中心支轴式喷灌

作物以高标准管道输水灌溉配套小畦灌溉和水肥耦合等农艺节水措施为主；规模化经营的种粮大户、农民专业合作社以及果树蔬菜等经济作物种植区，大力推广喷灌和微灌工程技术，配套水肥一体化农艺节水措施。

（3）西北节水控盐技术模式

自 20 世纪 90 年代开始，西北内陆干旱区通过节水灌溉技术的创新、实践和规模化应用，克服了资源禀赋的不足。当时主要采用较小的灌溉定额，但是滴灌属局部灌溉，土壤中盐分容易随灌溉水流运移到湿润区边缘，形成积盐区，由此形成了土壤次生盐渍。经过多年探索，我国提出了"节水控盐 + 高效排盐"的灌排协同调控新方法。

在节水控盐方面，主要通过滴灌设计和运行管理参数的优化，实现作物生育期根区盐分可控；形成作物生育期洗盐、冬春灌洗盐相互配合的作物耕层盐分淋洗模式；引进筛选与培育适于盐碱地不同组分和强度的耐盐碱作物品种等。在高效排盐方面，主要通过优化暗管材料结构，提高排盐效率；采取膜下滴灌与暗管、明沟、竖井相结合的排盐协同调控模式，形成了盐碱地膜下滴灌、高标准农田建设和暗管排盐工程建设与运行管理相结合的西北内陆区排盐新模式。

西北节水控盐技术模式

（4）南方节水减排技术模式

南方地区灌溉排水是农田面源污染的重要调控因素，为达到节约用水、调控区域农业生态环境、削减面源污染等目标，提出了多种节水减排技术模式。

水稻节水灌溉技术模式。针对水稻提出了"薄浅湿晒""薄露""浅湿晒""间歇灌溉""控制灌溉""干旱栽培""覆膜旱作""蓄雨灌溉"等一系列节水技术模式，不仅可以节约田间用水量，还能够减少地表径流量和渗漏量，控制农田氮、磷外流，改善稻田生态环境，减少杂草虫害的发生，提高作物对水、肥、气的吸收能力，提高作物产量。

农田控制排水技术模式。该技术模式在保证防洪排涝减灾安全条件下，在田间排水系统出口设置控制设施，通过调节不同作物生育期的田间地下 / 地表水位，调控农田排水强度，达到减少农田排水中氮、磷输出，改善排水水质和排水污染的目的。

灌溉 - 排水 - 湿地协同调控技术模式。该技术模式将灌溉、排水系统

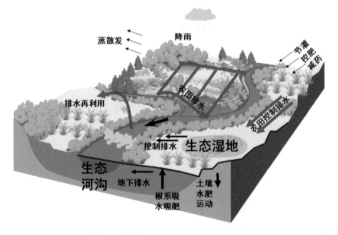

灌排沟塘生态控制及其再生利用系统

与灌区沟渠 / 水塘湿地有机地结合起来，构成灌排沟塘生态控制及其再生利用系统，为灌区打造节水、控排、湿地三道面源污染控制防线，从而达到对农田面源污染的源头削减、过程控制、末端治理利用的全链条防控目的。

（四）系统治理——让生命共同体更健康

水是基础性自然资源和战略性经济资源。维护健康水生态、保障国家水安全，以水资源可持续利用保障经济社会可持续发展，是关系国计民生的大事。党中央提出"山水林田湖草"生命共同体系统治理的理念，生态本身是一个有机的系统，生态治理也应该以系统思维考量、以整体观念推进，尊重自然、经济和社会规律，统筹整体与局部、人与自然资源禀赋与区位优势、当前与长远。

1."山水林田湖草"生命共同体

"山水林田湖草"是生态系统的自然要素，也是生态系统的子系统，与生态系统呈现整体与局部的关系。"山水林田湖草"是一个生命共同体，这阐释了水资源与其他自然生态要素之间唇齿相依的共生关系。

在生命共同体中，"水"是指全球水循环中的水，主要包括大气水、土壤水、生物水、江河水、湖库水、湿地水。"水"具有以下功能：一是生命支持功能，水是生物体的重要组成部分，是生命活动的基础，还是光合作用的原料；二是资源功能，

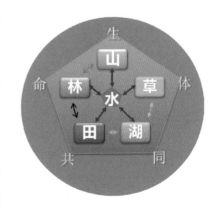

"山水林田湖草"生命共同体

水资源的质和量适宜，且时空分布均匀，可以为区域经济发展、自然环境的良性循环和人类社会进步作出巨大贡献；三是环境功能，不同水质的水体有

不同的环境功能，如饮用水水源地、工业用水、农业用水等，丧失了环境功能的水就是需要治理的水；四是生态功能，水的温度和流速分布等特征形成了特定的栖息地条件，影响着底栖动物、鱼类等水生生物的生长和分布；五是水在系统中的纽带功能，水是物质循环的主体，也是能量流动和物质循环的载体。

"田"是指农田，是天然或人工耕作形成的透水性土地，也是种植农作物的生产空间。其作用主要体现在以下几方面：一是产品提供功能，田是人类食物的主要来源地，生产农产品是农田生态系统的首要功能；二是水土保持功能，尽管长期不合理的农业生产活动加剧了水土流失，但农业活动对水土保持也具有积极意义，各地农业在实践中摸索出多种水土保持措施以及小流域综合治理方法，对防止土壤侵蚀等有较大作用；三是水源涵养功能，农田耕作改变自然土壤条件，能够改变流域径流过程和水量消耗分配格局，有效调蓄雨水，如人工发展灌溉排水等，对农田水资源进行拦蓄、调控、分配、使用，也将促进生态环境良性循环。

一望无际的麦田

农田棉花收获

2. 让乡村充满生机与活力

乡村生活空间是以农村耕地为主体、为农民提供生产生活服务的空间。农田是乡村生产生活的基础资料，农田产生和发挥的作用，是让乡村充满生机与活力的根本；在生命共同体中，"水"与"田"的关系是提升乡村生机与活力的关键纽带，因此，必须重视现代农业发展中"水"与"田"的良性互动。

农田产生的自然过程是土壤发生发育的过程，它是土壤中各种物理、化学和生物作用的过程，包括岩石的崩解，矿物质和有机质的分解、合成，以及物质的淋失、淀积、迁移和生物循环等；有机质的积聚和分解；元素的交换和迁移以及土体结构的形成和破坏。农田产生的人为过程是人类对土壤的利用，强烈干预土壤的自然成土过程，以及施肥、改土、灌排、污染等过程。

农田生态系统由气候、土壤、生物等因子的共同作用所形成，是一种在短时间内发生高强度的养分、水分、能量循环和交换的生态系统，具有独特的碳、氮等养分循环及水循环规律。农田作物往往被培养成能量转化效率最高的物种。

农田生态系统主要功能是生产功能。新中国成立以来，我国粮食产量不断迈上新台阶，由供给全面短缺转变为供求总量基本平衡，综合生产能力稳步提升。近年来，我国粮食生产连续稳定保持高产，基本解决了"吃得饱"的问题。据测算，到 2022 年全国建成高标准农田 10 亿亩，以此可以稳定保障粮食产能在 1 万亿斤以上。

（五）两手发力——持续走向健康的未来灌溉

要努力促进传统工程技术与高新技术深度融合，两手发力，推动农业灌溉良性健康发展，实现灌区服务智慧化、农业灌溉精准化、农田生产绿色化，助力乡村振兴战略实施和农业与水利现代化快速推进。

1. 让灌区拥有"智慧"

新形势下，灌区服务功能不断拓展，水源调度、农业灌溉、城乡供水、防汛抗旱、工程管理等相关业务和服务越来越综合，亟须借助新的技术手段，创新管理服务模式，灌区建设亟须向智慧化方向发展。

智慧灌区建设旨在构建以物理网为基础、数据网为支撑、模拟网为关键、决策网为核心的"四网合一"完整体系，将业务的共性需求进行抽象，并打造成平台化、组件化的系统能力，通过用户交互、外部交互、系统交互等综合应用交互体系的建设，为灌区现代化管理提供有力支撑。

灌区智慧化建设是全面感知复杂的水旱态势，提升防御抗旱减灾能力的需要；

渠道输配水一体化测控

是精准预测供用水过程，优化水资源配置，解决多行业多区域配置矛盾的需要；也是智能决策调控方案，提高灌区供水保障和应急管理能力，助力农民稳产增收的需要。

2. 让灌溉更加"精准"

现代化灌区通过立体感知系统、智能应用体系、信息服务平台和支撑保障体系等的建设，形成了智慧水管理体系，让灌区的灌溉更加精准，使农田灌溉实现适时、适量和自动化。

　　水情信息采集系统采用非接触量测技术，克服环境制约，与原有水工建筑物良好对接，最终实现实时、精确监测与调度。大断面测流系统以非接触方式测量干渠大断面水位、流量数据，达到与水不接触、不收缩断面、不节流、不影响渠道输水、运行维护简单、测量快速的综合效果。

　　基于虚拟现实技术的电子沙盘和实体沙盘，除了能体现灌区现有渠道和地形，还可以实时显示运行数据、图像以及灌区各类信息查询，通过声、光、电等先进技术效果可以更直观地显示灌区的实时运行状况。

　　以水信息全面感知、智能调度、供需精准匹配为目标，利用现代通信、物联网等技术整合业务需求以及对水资源的全面控制，实现灌区水资源的实时精准调配和过程监管，从而实现水资源的高效利用。

　　利用云计算优势，可以快速排除单点故障，实现系统及数据平滑升级，提高硬件使用率，节约成本。将高分辨率卫星数据，通过遥感技术与地面数据校准、大数据分析等手段相结合，形成灌区种植面积、灌溉进度等多项监测指标的动态分析成果，为灌溉决策提供决策支撑。建设无人机监控与管理平台，从中尺度对灌区农情信息和灌溉情况进行实时监控和分析，从而灵活机动地对灌区进行全面监控。

3. 让农田生产更加"绿色"

　　随着社会经济的发展和农村生态环境的改变，我国农业发展逐渐从单纯注重粮食产量向生态友好、可持续的绿色生产格局转变。

　　农田绿色生产，将产出绿色农产品，衍生出绿色环境产品。合理调控灌溉及排水，不仅可使农田生产获得高产，又可兼顾产品的品质与效益，产出健康优质的绿色农产品。对水稻和果树等作物进行一定干旱胁迫的非充分灌溉技术，显著提高了稻米和水果的品质和经济价值。通过改进灌溉制度使稻田满足鱼虾等水产的生长需求，形成农田多样的生物环境，既提高了农田生产产品的多样性，又丰富了农田生态环境的多样性。农田周边沟塘的水量调配，不仅可以适应藕等水生植物的生长，也可以美化生态环境、增加经济收入。

同时，农田绿色生产要求，也有助于保障生产环境的绿色与可持续发展。

绿色农田灌排系统

五、海晏河清——水沙调控理论与实践

当今，泥沙问题仍是全球性难题，我国是世界上泥沙问题最严重的国家之一。常见的泥沙灾害包括泥沙淤积与冲刷、山洪泥石流、泥沙污染等，其负面影响包括江河湖库容积减少、岸滩崩塌、洪涝加重、环境恶化等。通过大规模实施水土保持、江河湖库治理和生态环境保护工程，我国解决了大量经济社会发展和生产实践中的泥沙问题，使我国在河流泥沙理论和工程泥沙技术等方面处于国际领先水平。

王浩院士说泥沙

（一）泥沙与水土流失

1. 我国水土流失现状及主要危害

我国 70% 的国土是山地、丘陵和高原。南方降雨量大，台风暴雨多，北方降雨集中且有大风。全国大部分土壤抗侵蚀能力都比较低，加上强烈的人类活动影响，水土流失将长期存在。当前，我国水土流失主要表现为以下几个方面：

第一，分布范围广、面积大。根据水利部公布的 2019 年度全国水土流失动态监测成果，全国共有水土流失面积 271.08 万平方公里，占国土面积的 28.2%。其中，西部地区水土流失最为严重，占全国水土流失总面积的 80% 以上；中部地区次之，东部地区最轻。水力侵蚀在全国 31 个省（自治区、直辖市）均有分布，水蚀面积 113.47 万平方公里，占水土流失总面积的 41.9%；风力侵蚀主要分布在"三北"地区，风蚀面积 157.61 万平方公里，占水土流失总面积的 58.1%。

　　第二，侵蚀强度大，土壤流失严重。水土流失可分为轻度、中度、强烈、极强烈、剧烈侵蚀，对应各侵蚀强度，我国现有的水土流失面积分别占水土流失总面积的 62.9%、17.1%、7.6%、5.9% 和 6.5%。近 60 年来，我国因水土流失而损失的耕地达 5000 多万亩。黄土高原部分侵蚀严重地区相当于每年约有 2.3 厘米厚的表层土壤流失，东北黑土区年均流失表土 0.4~0.7 厘米。

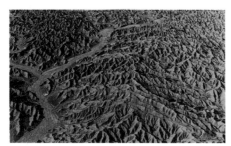

西北黄土高原区千沟万壑及其被侵蚀后泥沙入黄

东北黑土区耕地及其水土流失导致的土地退化

　　第三，成因复杂，区域差异大。造成水土流失的主要因素包括自然和人为两方面。《全国水土保持区划》中划分出了 8 个一级区的水土保持区域。其中，在东北黑土区，水土流失主要发生在坡耕地上；西北黄土高原区是我国土壤侵蚀量最高的区域；在北方土石山区，土层厚度不足 30 厘米的土地面积占本区土地总面积的 76.3%；南方红壤区在强降雨作用下极易产生崩岗侵蚀；在西南岩溶区，耕作层薄于 30 厘米的耕地占 42%，有的地区土层甚至已消失殆尽。

第四，持续好转，生态环境整体向好。根据全国水利普查数据，2019年与 2011 年相比水土流失面积减少了 23.83 万平方公里，总体减幅

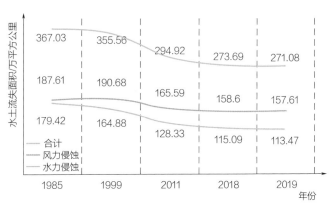

全国水土流失面积动态变化情况

8.2%，平均每年以近 3 万平方公里的速度减少，生态环境整体向好态势进一步稳固。

水土流失的危害，主要表现在以下几个方面：

一是导致土地退化，耕地毁坏，威胁国家粮食安全。我国因水土流失损失的耕地平均每年约 100 万亩。

二是导致江河湖库淤积，加剧洪涝灾害，威胁防洪安全。水土流失导致大量泥沙进入河流、湖泊和水库，削弱河道行洪和湖库调蓄能力。同时，由于上游地区土层变薄，土壤蓄水能力降低，增加了山洪、滑坡和泥石流等灾害的发生概率。

三是导致生存环境恶化，加剧贫困，制约山丘区经济社会发展。水土流失破坏土地资源、降低耕地生产力，制约经济发展，水土流失最严重的地区往往也是最贫困的地区。

四是削弱生态系统功能，加重面源污染，威胁生态安全和饮用水安全。水土流失在输送大量泥沙的过程中，也输送了大量化肥、农药和生活垃圾等面源污染物，进而加剧水源污染。

2. 黄土高原水土流失问题

（1）黄土高原脆弱的自然环境是水土流失严重的根本原因

不利的气候、土壤、植被等自然因素是导致黄土高原水土流失的重要原因。一是地质地貌特殊，黄土高原地貌以丘陵沟壑为主，容易受雨水河流切割侵蚀，强降雨的冲刷进一步加重了对地表土壤的侵蚀；二是气候不利，黄土高原降水分布集中、降雨强度大，暴雨多，极易产生水土流失，导致汛期产沙量占入黄沙量的90%；三是土壤结构不利，黄土高原土质呈粉砂颗粒状，极其疏松，抗蚀能力很低；四是植被结构单一，黄土高原的植被生长环境差，覆盖率以及林草郁闭度小，因此系统稳定性差，也缺乏足够的涵养水源的能力。

黄土高原脆弱的生态环境

（2）黄土高原水土流失治理成效

黄土高原地区作为我国水土保持工作的重点地区，经过长期坚持不懈的治理，水土流失得到了有效控制。截至2018年末，黄土高原林草覆被率由20世纪80年代总体不到20%增加到63%，梯田面积由1.4万平方公里提升至

5.5万平方公里，建设淤地坝5.9万座。黄土高原主色调已经由黄变绿，入黄沙量由1919—1959年的16亿吨减少至2000—2018年的约2.5亿吨。

（3）黄土高原水土流失防治任务任重道远

经过多年治理，黄土高原区域生态环境逐步改善，但其生态脆弱性和重大灾害的风险性并没有发生根本性改变。黄土高原仍有一半以上的水土流失面积尚未得到有效治理；部分区域水土治理标准低，措施配置不当，系统防护效能不高；黄土高原坡耕地和侵蚀沟大量存在，成为水土流失主要来源地；黄土高原以小流域为单元的综合治理成效显著，但在生态保育和经济融合发展方面存在明显不足；生产建设项目水土保持防治体系缺失或不完善，人为新增水土流失强度大。

生产建设项目中的水土流失

3. 黄土高原水土流失治理方略

新时代背景下，应从基本国情和国家发展需求出发，综合考虑不同水土保持分区的自然、经济和社会因素特点，识别不同区域内应治理和可治理的水土流失面积与空间分布，提出不同时期各水土保持分区的水土保持率及水土流失治理程度标准。

在黄土高原生态类型区划分基础上，明确不同生态类型区的生态环境容量及其改善目标，合理配置林草、梯田及淤地坝等不同措施比例及模式，构建适应新水沙情势的黄土高原生态治理格局。

总的来说，尽管我国水土保持取得了显著成效，但未来的任务仍十分艰巨，仍有超过国土面积 1/4 的水土流失面积，治理难度也越来越大，还需进一步维护和巩固治理成效。

（二）我国泥沙研究理论创新

地球上的河流千姿百态，它们都是河床边界在水沙动力作用下不断演变的结果。河床演变的实质就是组成河床的边界物质——泥沙，在水流作用下发生冲刷、输移和沉积的过程。

长江荆江段众多的牛轭湖见证了长江中游河流的历史演变

由于天然河流中的泥沙粒径是非均匀的，且河流输沙具有不平衡性，通过河流某一断面的水体含沙量不等于水流的挟沙能力。20 世纪 30 年代，以爱因斯坦为代表的科学家将统计理论引入到泥沙研究中，复杂的泥沙问题逐渐得以解决。

1. 我国泥沙研究的主要理论进展

目前，关于泥沙研究的主要理论有非均匀悬移质不平衡输沙理论、异重流理论、泥沙运动随机理论、水库淤积理论、高含沙运动理论和泥沙起动与推移质运动规律等。这些理论分别从不同的泥沙运动状态入手，提出了一系列针对不同河流泥沙运动治理的解决路径。

宽河段泥沙落淤形成江心滩

非均匀悬移质不平衡输沙理论属于泥沙运动基础理论的重大源头创新。该理论体系包括多个创新点：首次引进了泥沙在床面位置的概念，并将其作为基本随机变量；针对河床泥沙四种状态（即静止、滚动、跳跃与悬浮），建立了单颗泥沙运动维持其状态的寿命分布，给出了大量泥沙同时运动时的寿命分布；建立了统计理论挟沙能力的理论体系，揭示了粗细沙交换是河床演变的普遍规律，导出了近底床沙冲淤普适边界条件，首次提出了床沙交换粗化规律，突破了粗化只存在于冲刷的传统观点。

异重流理论建立了异重流基本方程、潜入点判别数、异重流孔口出流、前锋运动理论，提出了水库异重流预报和排沙量估算方法和利用异重流沉淀特性的设计方法；探讨了水库异重流引起的冲淤变化、水沙运动流态和淤积形态规律；推导了异重流头部速度表达式，得出了异重流空间运动方程，以及异重流流速和含沙量沿程变化的计算公式，提出了水库异重流排沙的布置规划和设计方法。

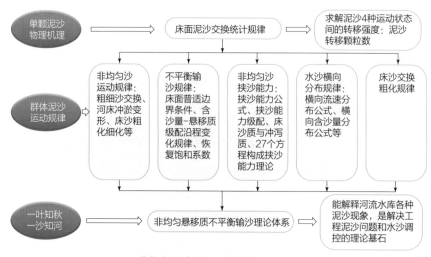

非均匀悬移质不平衡输沙理论体系

泥沙运动随机理论提出了单颗泥沙4种运动状态之间的16种转移概率的表达式，推导了单颗泥沙运动方程、单步距离、单次时间、寿命分布、起止临界条件，给出了大量泥沙同时运动的寿命分布以及改变状态的颗数分布，建立了悬浮高度分布与含沙量分布的关系，进一步揭示了非均匀沙的运动机理。

水库淤积理论提出了淤积和冲刷条件下非均匀沙分选的定量表达，证实了水库淤积的三角洲趋向性和形成条件，揭示了推移质与悬移质同时淤积时的交错特性，深入研究了水库长期使用问题，给出了保留库容的确切方法及有关调度原则，将水库淤积由定性描述升华到定量模拟。

高含沙运动理论分析了黄河下游高含沙量洪水洪峰、沙峰和高含沙远距离输送特征，以及高含沙粗、中、细沙分布、级配分选规律，建立了高低含沙量统一的挟沙能力公式，明确了"揭河底"现象的土块"起动—转动—上浮—逸出—下降"等不同运动阶段，解释了"揭河底"运动的有关规律和特殊现象。

泥沙起动与推移质运动规律聚焦于泥沙起动机理，揭示了泥沙起动时有关的统计规律，提出了明确的起动标准，建立了较全面的推移质输沙率的结构式，给出了非均匀沙输沙率理论公式、粗颗粒推移质运动速度的表达式以及推移质级配与床沙级配关系等。

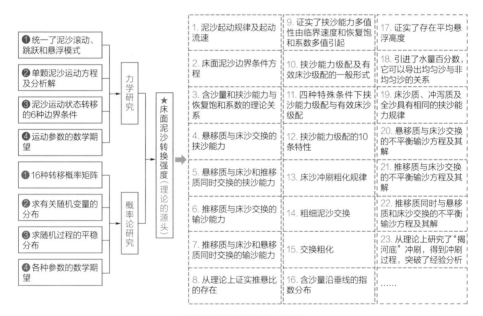

泥沙运动统计理论组成结构

2. 技术研发与应用

我国科研人员在泥沙研究理论的基础上，研发了多项泥沙治理技术，如三门峡水利枢纽改建及泥沙处理技术、三峡水库和下游河道泥沙模拟与调控技术等。这些技术已经广泛应用在水库泥沙优化调度和河道治理中，取得了显著的社会经济效益和环境效益。

三门峡水库排沙放淤

小浪底水库排沙放淤

刘家峡水库排沙洞口

（三）大江大河水沙调控体系研究与实践

泥沙问题的根本症结是河流在垂向、横向和纵向上水沙关系均不协调。统筹安排泥沙去向是一项极为复杂的系统工程，大江大河水沙调控体系建设是合理安排水沙去向的最有效手段。

1. 黄河水沙概况

黄河是世界上输沙量最大、含沙量最高的河流。黄河具有水沙异源的特点，水量主要来自上游，泥沙主要来自中游。河口镇至三门峡河段两岸支流时常有含沙量高达 1000 ~ 1700 千克每立方米的高含沙洪水出现，世界罕见。

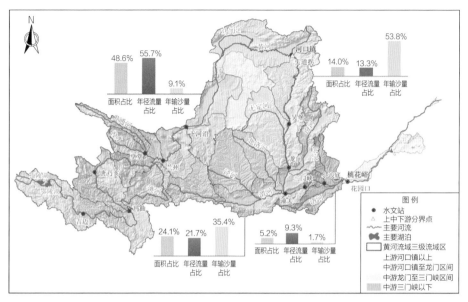

黄河水量、泥沙占比变化情况

受气候变化和人类活动的共同影响,黄河中下游河道内实际来水来沙量发生了显著变化,年来水来沙量呈减小趋势。黄河中游潼关水文站的年径流量和年输沙量,从 20 世纪 50 年代的 431 亿立方米和 16.82 亿吨减小到 2000—2018 年的 236 亿立方米和 2.49 亿吨,黄河下游花园口水文站的年径流量和年输沙量,从 20 世纪 50 年代的 478 亿立方米和 15.48 亿吨减小到 2000—2018 年的 258 亿立方米和 0.98 亿吨。

2. 水沙调控体系及水沙调度系统

我国构建了江河水沙调控体系,包括江河水沙调控理论体系和水沙调控工程体系。其中,理论体系解决水沙的合理配置,工程体系实施水沙的优化调控。同时,为实现水沙调控,还研发了 5 项工程泥沙控制技术,确定了 6 类水沙调控参数。江河水沙调控体系在黄河上、中、下游及河口水沙调控治理实践中得到了充分应用,实现了全河治理目标。

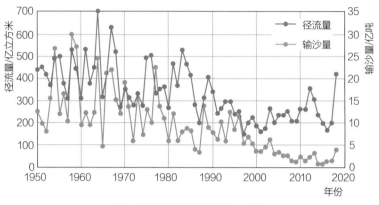

黄河中游潼关水文站年水沙量变化

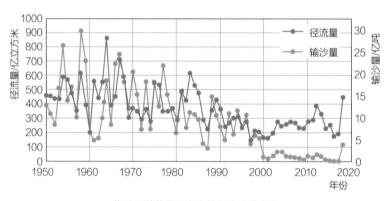

黄河下游花园口水文站年水沙量变化

（四）水库泥沙减淤技术

我国是世界上水库数量最多的国家，也是世界上水土流失最为严重的国家之一，水库淤积问题严重。据统计，全球水库泥沙年淤积速率为0.5%~1.0%，而我国水库泥沙年淤积速率高达1.0%~2.0%。我国可供建设水库的新坝址几近枯竭，因此迫切需要开展水库淤积控制与功能恢复，水库泥沙减淤技术就是有效措施之一。

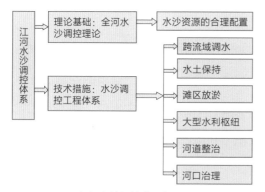

江河水沙调控体系框图

江河水沙调控理论体系框图

黄河水沙调控工程体系图

　　黄河构建了以七大干流骨干水库为主，支流东庄水库等为辅的黄河水沙调控工程体系。目前，上游龙羊峡水库（1986年建成）和刘家峡水库（1968年建成）构成上游调水工程体系，中游三门峡水库（1960年建成）和小浪底水库（1999年建成）构成中游调水调沙工程体系，支流东庄水库正在建设。

1. 水库泥沙引发的问题

修建水库后，只要水库有蓄水，坝前水位有所升高，便会发生泥沙淤积。水库淤积发生后，不仅会影响其效益发挥，而且会产生一些新的问题。在水库上游，水库泥沙淤积会加大水库的坡降，不断抬高库内水位，使回水和它引起的再淤积不断上延，出现水库淤积"翘尾巴"现象，从而引起对城市、工厂、矿山的淹没以及对农田的浸没。

三门峡水库修建后渭河支流遇仙河桥面 3 次加高

在水库库区，泥沙淤积使有效库容和防洪库容不断损失，导致水库综合效益降低。库区泥沙淤积后，支流库容和水资源利用的困难增加，刘家峡水库和官厅水库就曾出现支流库容和水资源利用率低的情况。坝前泥沙淤积，对坝前建筑物包括船闸和引航道、水轮机进口、渠道引水口等都有影响；悬

三门峡水库对西安的影响以及对关中平原的淹没与浸没就是上述现象。三门峡水库建库后，渭河支流遇仙河淤积严重，遇仙河桥面已进行了 3 次加高。

移质泥沙表面常吸附大量污染物质，长期在库内积累，会造成生态环境问题。

在水库下游，由于库内淤积，下泄含沙量常常很低，甚至下泄清水，从而引起下游河道长距离冲刷，使水位逐渐降低，河势有所改变，河型也可能发生转化，由此形成一些新的险工。例如，如果枯水流量调节不大，坝下游冲刷常使枯水位降低，有时可能使两岸已有引水建筑物引不

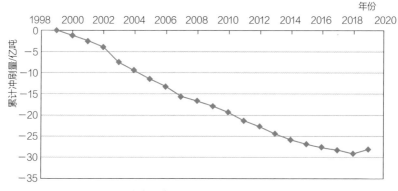

小浪底水库运用后下游河道冲刷过程

上水。

2. 水库防淤减淤措施

水库防淤减淤措施主要包括上游拦沙、水库排沙和库区泥沙综合利用三个方面。

（1）上游拦沙

利用水库上游流域水土保持、水利工程、封禁等水保和水利措施，拦截或减少进入水库的泥沙。

（2）水库排沙

主要通过水库的水沙调度来实现，常见的排沙方式有壅水明流排沙、异重流排沙、敞泄排沙、溯

小浪底水库运用后黄河下游取水口高悬

上游拦沙实景

源冲刷等。对于大型多功能综合利用水库，最常见的排沙方式是壅水明流排沙和异重流排沙。

三门峡水库汛期排沙

1973年，三门峡水库完成两次改建后，水库汛期运用的是低壅水条件下的壅水明流排沙。

壅水是指因水流受阻而产生的水位升高现象。壅水明流排沙分为高壅水条件下的排沙和低壅水条件下的排沙。

2018年小浪底水库降低水位排沙

2015年前，小浪底水库进行过19次调水调沙，除个别年份有异重流排沙外，基本上是高壅水条件下的壅水明流排沙，出库泥沙较小。2018—2020年，实施的是低壅水条件下的壅水明流排沙，出库沙量明显增加。

异重流排沙是在水库形成的浑水异重流到达坝前时，适时打开泄水建筑物，将泥沙排出水库。水库形成浑水异重流后，由于浑水集中，底部过水断面减小，平均流速增加，挟沙能力增强，在同样条件下，异重流排沙较壅水明流排沙效果要好。

敞泄排沙是指水库在基本不壅水，有足够的泄流设施敞开，流量能全部通过水库时的排沙。敞泄排沙绝大部分在洪水期间进行，所以又称为行洪排沙。敞泄排沙时水库不壅水，可以达到最大化

小浪底水库异重流排沙

　　2001 年起，小浪底水库开始出现异重流。2004 年，小浪底水库在第三次调水调沙试验中首次人工塑造了异重流，塑造的异重流最大厚度达 12 米以上，平均含沙量在 100 千克每立方米以上，并成功抵达小浪底水库坝前，通过两条排沙洞排出库外。人工塑造异重流能有效减少小浪底水库淤积、调整库区上段泥沙淤积形态、排泄细颗粒泥沙出库。

排沙效果。2019 年和 2020 年小浪底水库降低水位排沙，最低水位分别降至 209.53 米和 205.47 米，接近敞泄排沙，排沙效率分别达到 197%和 113%。

　　溯源冲刷是指当坝前水位迅速下降时所产生的自下而上的冲刷现象，其冲刷幅度坝前最大，向上游递减。它能在较短时段内排走全部来沙，并能冲走大量前期淤积泥沙。1964 年，三门峡水库汛后 10 月 25 日至 12 月 5 日发生溯源冲刷，潼关以下库区共冲走泥沙 3.16 亿吨，是同期潼关入库沙量的 3.76 倍。溯源冲刷是水库清淤的一种有效手段，特别是对中小水库更有效。

　　（3）库区泥沙综合利用

　　通过机械将泥沙输出或运出库外，进行放淤和泥沙综合利用，减少水库泥沙淤积，延长水库使用寿命。

（a）水上清淤作业

（b）吸泥船清淤作业

（c）挖泥船清淤作业

机械清淤作业

（五）美丽家园——水生态文明建设

党的十八大以来，生态文明建设纳入我国"五位一体"总体布局。水是生态之基，水生态文明作为生态文明的重要组成和基础保障，在全国开展了大规模试点建设，取得显著成效。

水生态文明建设
案例——贵阳
南明河流域
综合治理

1.水生态文明内涵

在生态文明的理念指导下，做好水生态文明建设工作，重点要解决好以下4个方面的问题。

一是意识形态层面，解决"绿水青山就是金山银山"等水生态文明理念的普及问题。

二是技术方法层面，解决"山水林田湖草"的系统治理问题。

三是制度固化层面，解决涉水管理的最严格制度和最严密法治问题。

四是组织实施层面，解决政府、企业、社会公众共建共享的问题。

2. 我国水生态文明建设实践与成效

党的十八大以来，全国水生态文明城市建设试点工作有序展开。第一批
46个、第二批59个，两批共计105个城市，开展水生态文明试点建设工作，
成效显著，示范带动作用明显。

（1）提升了水安全保障能力

夯实水资源优化配置基础。各试点城市加快实施重点骨干水源工程，注
重河湖水系连通，加大再生水、雨洪水、海水、矿井水等非常规水源开发利
用程度，构建多水源配置网络；稳步推进城乡供水安全保障工程，加快供水
水厂及配套管网建设，逐步推进应急备用水源工程建设，优化水资源配置。

加强饮用水水源地保护。各试点城市严格饮用水水源地水质保护和达标
建设，切实保障源水水质达标。已完成评估的100个试点城市中，集中式
饮用水水源地安全保障平均达标率由试点前的89.73%上升到98.65%；
两批试点城市中，集中式饮用水水源地安全保障平均达标率低于90%的城
市个数，由试点前的18个下降到了4个；达标率达到100%的试点城市，
由试点前的45个上升到了81个。

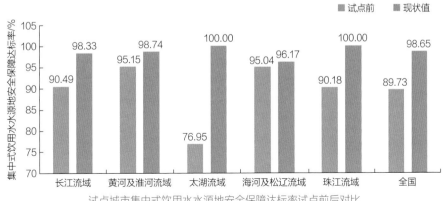

试点城市集中式饮用水水源地安全保障达标率试点前后对比

完善城市防洪排涝。已完成评估的 100 个试点城市中，防洪平均达标率由试点前的 71.01% 上升到 87.98%，防洪达标率达 100% 的试点城市，由试点前的 5 个上升到了 21 个；排涝平均达标率由试点前的 69.32% 上升到 84.87%，排涝达标率达 100% 的试点城市，由试点前的 4 个上升到了 14 个。

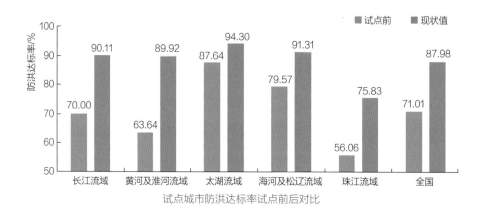

试点城市防洪达标率试点前后对比

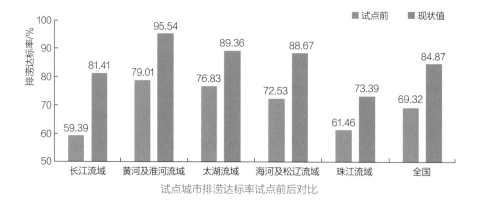

试点城市排涝达标率试点前后对比

（2）改善了水环境质量

提高水功能区水质达标率。已完成评估的 100 个试点城市平均水功能区水质达标率由试点前的 67.25% 上升到 83.93%，远高于 2017 年 62.5%

的全国平均水平；两批试点城市中，水功能区水质达标率高于 90% 的城市个数，由试点前的 14 个上升到了 38 个。

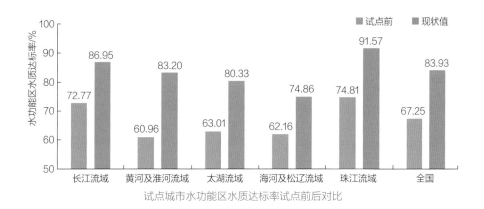

试点城市水功能区水质达标率试点前后对比

整治城市黑臭水体。与试点前相比，已完成评估的 100 个试点城市平均黑臭水体治理率已达 81.99%；两批试点城市平均Ⅲ类水质以上河道长度比例，由试点前的 58.17% 上升到 68.66%；平均工业废污水排放达标率，由试点前的 89.61% 上升到 98.60%；平均城市生活污水达标处理率，由试点前的 79.36% 上升到 93.05%。

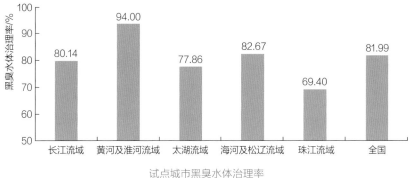

试点城市黑臭水体治理率

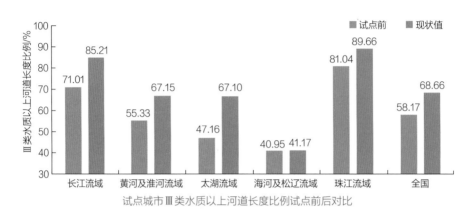

试点城市Ⅲ类水质以上河道长度比例试点前后对比

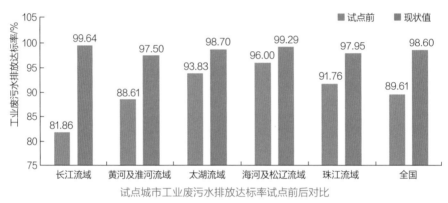

试点城市工业废污水排放达标率试点前后对比

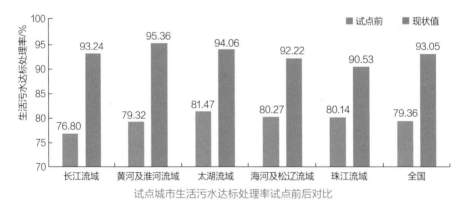

试点城市生活污水达标处理率试点前后对比

严控地下水超采。已完成评估的 100 个试点城市平均地下水超采面积比例，由试点前的 9.7% 下降至 7.0%。其中第一批试点城市由 16.8% 下降至 13.2%，第二批试点城市由 6.9% 下降至 4.6%。

建设城市绿色生态廊道。试点城市将河流水系综合整治与城市园林绿化、市政交通建设有机结合，建设集河道防洪、生态保护、休闲游览于一体的绿色生态廊道，一批"河畅、水清、岸绿、景美"的滨水景观在城市中成为受居民欢迎的新亮点和新地标。

（3）保护和修复了水生态系统

湿地面积明显提升。与试点前相比，各个试点城市通过各项有效措施新增、恢复水域或湿地面积 2749.9 平方公里。其中第一批试点城市为 1436.7 平方公里，第二批试点城市为 1313.2 平方公里，其中珠江流域、海河及松辽流域尤为显著。

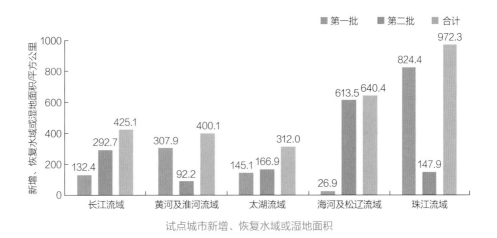

试点城市新增、恢复水域或湿地面积

水土流失治理率明显提高。两批试点城市中，平均治理率已达 65.8%，比试点前增加了 16.6 个百分点。治理效果最为明显的是淮南市，治理率达到了 100%。从流域来看，治理效果最为明显的是长江流域，比试点前提高了 21.6 个百分点。

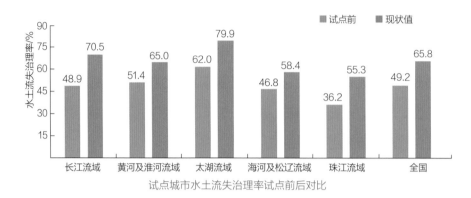

试点城市水土流失治理率试点前后对比

生物多样性得到提升。生态环境的综合改善，为水生生物提供了优良的生活空间。2015 年夏天，辽宁省丹东市鸭绿江口湿地迎来 20 只黑脸琵鹭，这种水禽全球仅存 1000 只左右，是世界野生动物基金会确立的生态环境指示性物种；密云水库发现了 70 多年未见的栗斑腹鹀；野生娃娃鱼和桃花水母"落户"古北口汤河。

（4）助推经济发展理念和方式的转变

用水总量明显下降。有 59 个试点城市在保障经济社会稳步发展条件下，用水总量较试点前有明显下降，平均降幅为 10.6%。从流域整体来看，长江流域下降幅度最大，下降幅度为 5.3%；其次是珠江流域，为 4.0%。

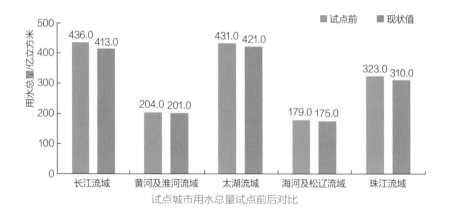

试点城市用水总量试点前后对比

万元工业增加值用水量降幅显著。试点城市万元工业增加值用水量平均值为 35.6 立方米，比试点前 58.8 立方米平均下降了 23.2 立方米。其中，第一批试点城市试点期末平均值为 33.3 立方米，比试点前的 59.3 立方米平均下降了 26.0 立方米；第二批试点城市试点期末平均值为 37.5 立方米，比试点期前的 58.5 立方米平均下降了 21.0 立方米。

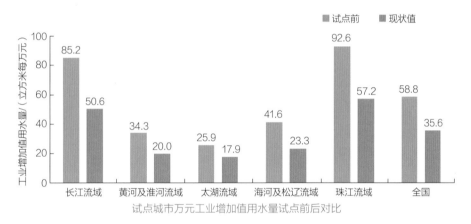

试点城市万元工业增加值用水量试点前后对比

农田灌溉水有效利用系数明显提高。试点期末，全国试点城市农田灌溉水有效利用系数平均值为 0.583，比试点期前的 0.534 提高了 0.049，上升了 9.2%。

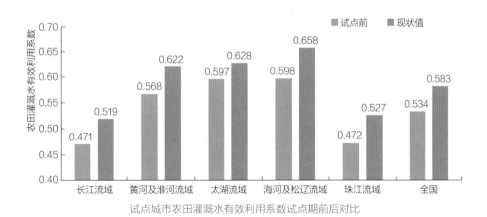

试点城市农田灌溉水有效利用系数试点期前后对比

水生态文明建设长效机制初步构建。试点城市初步构建了水生态文明建设长效机制，将水资源管理纳入党政实绩考核体系，水资源管理所占分值较试点前有显著提高，水资源管理力度得到切实加强。

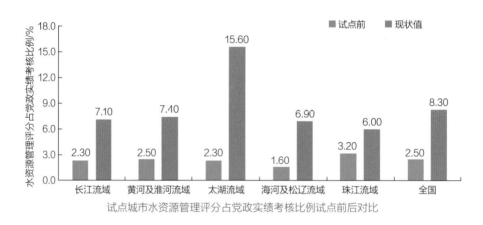

试点城市水资源管理评分占党政实绩考核比例试点前后对比

（5）水生态文明建设理念正深入人心

国家级水利风景区数量增多。试点期间，试点城市共有 66 个景区被评为国家级水利风景区，其中第一批 30 个、第二批 36 个。

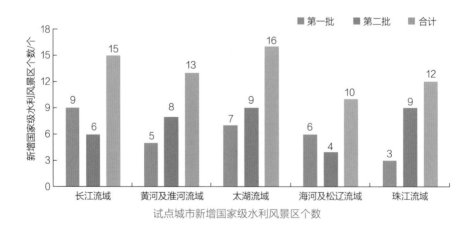

试点城市新增国家级水利风景区个数

水生态文明意识得到明显提高。试点期间，各个试点城市积极开展各式各类的宣传培训活动，发布各类新闻信息、出版相关刊物书籍等，水生态文明建设的公共认知度明显提高。

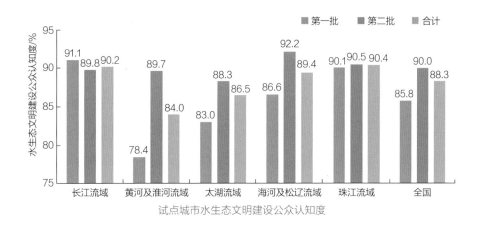

试点城市水生态文明建设公众认知度

3. 典型试点建设模式

各试点因地制宜，充分认识所在区域的基本生态状况、水资源条件和主要环境问题，把握宏观治理思路；针对试点区域存在的主要问题，形成了各具特色的建设模式。

（1）山东济南——构建泉水保护格局

济南市秉承"保泉必先保山，保山必先保林"的思路，开展了泉水直接补给区、泉水重点渗漏带、城市河道水系、城市山体四条保泉生态控制红线的划定工作，依托法律法规实行最严格的林地保护、山体保护和水库周边、河道两岸的生态保护，努力维护完整的泉水生态系统。

（2）江苏苏州——"自流活水"改善城市水环境

苏州市探索出一条以"调水引流、自流活水"为核心的区域性水环境治理模式：

一是在不影响防汛的前提下，制定了以阳澄湖为中心的水资源调度方案、应急调度预案和调度计划。

二是通过西塘河引清入城，城区"自流活水"和白塘西延工程形成了双源供水，促进河湖水质改善。

三是围绕"截污、清淤、活水、保洁"四个环节，通过集中治理，实现污水入河截流、河道清淤、消除断头河、河道保洁全覆盖，明显改善了古城区水质、水景观。

四是探索开展"清水"工程建设，通过通江达湖自流活水工程建设，改善水循环条件，做好调度预案，实现了防汛安全和改善水质的双赢。

苏州市"自流活水"工程

（3）广西桂林——建立漓江"一轴两环"水生态格局

桂林市通过漓江核心区整治工程、漓江补水工程、生物栖息地及漓江形态恢复与建设工程、漓江生物多样性保育工程等一系列工程措施，着力构建以保护漓江生态轴为核心的"一轴两环"水生态格局，包含桂林大环城生态循环水系和城区环城生态循环水系。

桂林大环城生态循环水系主要依托防洪及漓江补水枢纽工程，使桂林城区防洪能力由之前的不足 20 年一遇提高到 100 年一遇。同时，建设桂林市漓江上游水库群联合调度决策指挥系统，打造漓江水利现代化信息体系，大大提高防灾减灾能力和漓江生态流量保障水平。

城区环城生态循环水系通过"连江接湖、显山露水、清淤截污、引水入湖、修路架桥、绿化美化、文化建设"等工程，变城市为公园，为人民群众提供了一个宜居的生态环境。

桂林市中心环形水域兰塘河段改造前（左）后（右）对比

（4）浙江湖州——水源地综合治理与保护

湖州大力实施太湖流域骨干河道整治工程：一是整治东西苕溪；二是拓浚平原溇港；三是打通南排通道；四是构建纵横河网；五是疏通"毛细血管"。

湖州市老虎潭水库

同时，实施中小河流整治及水系连通工程，打通断头河、断头浜，重构了全市的水系河网，着力形成了"蓄泄兼筹、引排得当，多源互补、丰枯调剂，水流通畅、环境优美"的溪流湖库水系连通体系。

（5）福建长汀——水土流失综合治理

长汀是我国南方花岗岩地区水土流失最严重的区域之一，需要在传统水土流失治理工作基础上，从机制、理念、技术等方面进行创新。

长汀县马坑河小流域综合治理前后对比

在机制创新方面，制定集体林权制度改革、山林经营权流转、群众燃料补助等政策，设立水保员和管护员，组建水保护林队伍，形成"县指导、乡统筹、村自治、民监督"的水保护林机制。在理念创新方面，用"反弹琵琶"的理念指导治理，根据植被从亚热带常绿阔叶林→针阔混交林→马尾松和灌丛→草被→裸地的逆向演替规律，通过逆向思维，按水土流失程度采取不同的治理措施修复生态和保护植被。在技术创新方面，创造性地应用等高草灌带、"老头松"施肥改造、陡坡地"小穴播草"、"草牧沼果"循环种养、乡土树种优化配置和幼龄果园覆盖秋大豆春种等新技术、新方法。

长汀县制定了从山下到山上的精细治理模式，通过植被类型与水土流失状况相结合、生态保护与经济效益相结合、激励机制与社会参与相结合的方式，创建了南方地区水土流失治理的典范。

六、江河壮美——持续发展的生态水利

王浩院士谈
生态水利

我国约有 4.5 万条大大小小的河流，为江河开发提供了丰富的资源基础。无论是小水电，还是梯级水利枢纽，都对经济社会发展发挥了重要的支撑作用。但人类对自然环境的干预，不可避免地对生态环境及重要物种带来了不同程度的影响。如何减缓这种影响，让人与自然更好地和谐共处，我国水利工作者坚持不懈地探索和践行可持续发展的生态水利道路。

（一）山川秀美——多姿多彩小水电

我国的小水电资源十分丰富，可开发量居世界第一位。目前，全国小水电的发电量相当于每年减少使用 4000 万吨标准煤，减少二氧化碳排放 1 亿吨，减少森林砍伐 195 万亩。多年来，小水电解决了全国约一半国土面积上农村人口的用电问题，为我国农村建设和城乡统筹做出了无可替代的重要贡献。

1. 小水电技术发展现状

20 世纪 70 年代是我国小水电的大发展时期，国家大力发展地方电网和小水电供电。20 世纪 80 年代，国家成功完成了第一批 109 个农村初级电气化县的建设。20 世纪 90 年代，小水电由单站开发发展到对整个流域实行梯级滚动开发，并开始发展跨县区域电网。进入 21 世纪后，小水电融合了数字化、信息化、自动化和智能化技术，并逐渐向绿色、环保、可再生的清洁能源方向发展。目前，小水电技术主要包括以下几种。

一是小水电环境融合的综合设计改造技术。该技术强调与周围环境相融合，在最大效率满足发电要求、最小化环境影响的同时，还能从外观上给人带来赏心悦目的感受。比如一些小水电站利用生态景观工程降低电站对

浙江省新昌县巧英水库一级水电站库区及大坝全貌

周围环境的不利影响，结合中小河流综合整治，在减水段内实施河道清淤、筑低坝等治理工程，利用河流生态泄流形成多级人工阶梯湖面，不仅可以实现河流生态环境效应，还能营造出人工湿地和亲水走廊，使中小河流的生态环境得到明显改善，也使小水电成为水利景观和良好的旅游、休闲活动场所。

二是小水电的水工建筑技术。小水电的水工建筑技术主要包括混凝土重力坝、砌石拱坝、小型砌石连拱支墩坝、混凝土拱坝、橡胶坝、混凝土面板堆石坝、土坝等挡水建筑技术，以及发电引水、跨流域引水等引水建筑技术。我国水电建设的很多新技术、新材料、新成果都是首先在小水电工程中应用的。

三是小水电设备技术。目前，绝大部分小水电站已经采用了比较先进的调度自动化和变电站综合自动化系统，大部分水电站和变电站已经实现无人值班的监控。以 0.5 万千瓦级大容量高速发电机、多喷嘴斜击式水轮机、节能型变压器等为代表的一批专利技术和相关配套辅助设备的研发应用，引领着我国小水电设备技术达到了国际领先水平。

四是小水电生态环境保护技术。当前，常用的技术主要分为工程设计优化技术、生态环境修复技术和管理技术三类。工程设计优化技术是小水电生态环境保护最有效的方法。生态廊道的构建是水电工程扰动区生态环境修复的主要技术之一。生态环境修复技术通过生态廊道把若干生态区域连接起来，能有效减少不利的"孤岛效应"。

五是基于小水电的多能互补供电技术。通过建立以小水电为主，风能、太阳能等可再生能源发电互补的供电系统，开展分布式多能互补供电技术研究。国内已经开始采用水面漂浮式光伏发电和水力发电互补技术，开发水面漂浮式光伏电站，通过统一综合平台，进行远程监控和综合调度，实现光能与水能优势互补。

熊河水库水面漂浮式光伏电站

2. 小水电智能化控制技术

在信息技术快速发展的背景下，小型水电站实现了"无人值班、少人值守"的状态，可以节省电站人力成本，提高电站社会经济效益。

在实际应用过程中，小型水电站可以通过其自身的技术或设备对工作环节进行程序设定，然后自动开展工作。

此外，云计算技术的出现给小水电远程集控平台建设带来了新的可能。在互联网模式下，平台商借助云计算技术研发了电站控制设备和远程集控系统。在恶劣天气情况下，值班人员可以在相对安全的地方通过智能手机等设备远程操作智能控制系统，准确无误地完成开机、增减负荷及停机等整个发电过程。

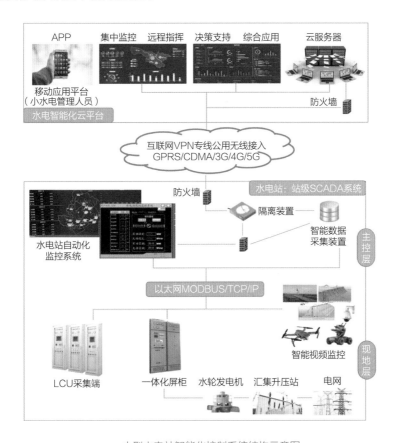

小型水电站智能化控制系统结构示意图

（二）梯级调度——智能多效护生态

通过梯级水库联合调度在每年的枯水季节向中下游补水，可以促进特定鱼类自然繁殖，还可以在有效应对干支流洪水的同时，提高流域主要水库蓄满率，充分发挥航运、发电等综合效益。

1. 长江梯级水库联合调度

走"生态优先、绿色发展"之路，是国家深入推进长江经济带发展的战略定位。自 2012 年长江流域首个水库群联合调度方案获批以来，至 2020 年纳入联合调度的控制性水工程达到 101 座，包括 41 座控制性水库、46 处蓄滞洪区、10 座排涝泵站、4 项引调水工程。其中 41 座控制性水库总调节库容 884 亿立方米，总防洪库容 598 亿立方米。长江流域已经逐步构建了一套"政府主导、部门联动、企业参与"的职责明晰、行之有效的流域水工程联合调度机制。通过联合调度，充分发挥了水库群防洪、生态、航运等综合效益，特别是"长江大保护"工作不断推进以来，水库群联合调度效益巨大。

长江干流水电站梯级调度示意

联合防洪调度，成功应对了近年来连续发生的大洪水，包括 2016 年中下游型大洪水、2017 年中游型大洪水、2018 年上游型较大洪水以及 2020 年流域性大洪水。

联合供水调度，有效缓解了中下游枯水期供水形势，2016 年以来，纳入联合调度的上游控制性水库群累计向中下游补水超过 2500 亿立方米。

联合蓄水调度，有效利用洪水资源，提高了各水库蓄满率。三峡水库连续 11 年蓄满，在确保防洪安全的前提下充分利用洪水资源，显著增加了水电站发电效益，2020 年度三峡水电站发电量打破了单座水电站年发电量世界纪录。

长江水利委员会连续十年实施生态调度水文要素监测

联合生态调度，有效促进了川渝河段、宜昌—监利江段、汉江中下游特定鱼类自然繁殖。2011 年以来，三峡水库连续十年的生态调度试验表明，"四大家鱼"对人工调度形成的洪峰过程有积极响应，产卵量总体呈上升趋势，生态调度效果显著。

联合调度还进一步提升了航运效益，水库群联合调度汛期大幅削减洪峰流量，枯水期增加下游航运水深 0.5~1.0 米，显著改善了航运条件。

当前和今后相当长一个时期，要把修复长江生态环境摆在压倒性位置，共抓大保护，不搞大开发。

2. 梯级水库调度自动化系统建设

通过近 30 年的开发，我国各大江河上都形成了多个大型梯级水电开发基地。然而，大部分流域梯级水电站的投资主体并不是同一发电公司。不同的投资利益主体参与开发，在提高开发进度的同时，也带来了资源与信息共享、环境保护、经济利益分配、联合调度与协调困难等一系列问题。

流域梯级水库正逐步朝集中控制方向发展。水电站作为电网发电侧的电源供应方，服从电网调度机构的调度管理，实行电网统一调度、分级管理的调度模式是世界各国的普遍决策和趋势。

三峡枢纽梯级调度中心

流域梯级集控中心水库调度自动化系统的建成，使得梯级电站运行管理单位能够及时全面地掌握整个流域的雨水情信息以及突发洪水情况。例如，在汛期可结合实时雨水情信息和来水预报信息，实现汛前提前下泄、汛后及时拦尾，最大限度地发挥梯级水库的调节作用，提高发电效益，保障防洪安全。

大渡河流域梯级电站集控中心

梯级水库调度自动化系统是在水情自动测报系统的基础上发展起来的，从功能上进行划分，主要包括水情自动测报系统、水库调度自动化系统平台以及水库调度决策支持系统三个部分。

水情自动测报系统具有以下特点：一是具有科学的规划与设计，先根据水库调度的需要规划、论证站网的布设，再根据水库调度的具体要求设计测报系统的功能；二是系统通信组网方式丰富，采用有主、备之分的两个信道传递信息，在主信道出现异常时可自动切换到备用信道；三是测报系统测量要素不断增多，除了降雨量和水位等水文参数外，实时流量、蒸发（水面和地表）、温度、风速、风向、湿度等越来越多的要素被纳入测量范围；四是数据采集器灵活开放，数据采集、处理、存储、远传等可以现场或者远程修改；五是测量的同时增加系统可靠性；六是技术指标高，主要体现在系统通畅率、数据实时性和设备平均无故障时间三个方面。

屋顶挂箱式雨量站

雷达式水位计、雨量站

水库调度是一项复杂的系统工程，要充分发挥气象、水利、电力等部门专家和技术人员的参谋作用，研究应对措施和调度方案。目前，水库调度决策支持系统的应用主要体现在以下几方面：一是保障体系建设进入成熟期，

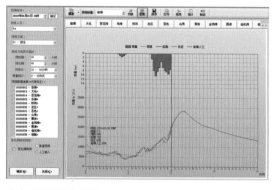

水库调度自动化系统

预测预报能力进一步增强；二是数字流域，即综合运用多种现代技术，对全流域各类信息进行数字化采集与存储、动态监测与处理、深层融合与挖掘、综合管理的大型信息管理系统；三是水库优化调度软件，在理论研究探讨的基础上用于规程编制、水库汛后蓄水、汛期汛限水位动态控制等决策支持，并逐步在水库调度自动化系统上进行应用；四是智能专家系统，根据一系列规则和用户提供的数据，从现有的事实和数据中导出或推理出新的事实或数据，提供智能化的决策支持；五是生态调度，采取合理的水库蓄泄方式，弥补或减缓其对生态环境造成的影响。

目前，水库调度自动化系统的硬件和软件都已具备一定规模，具备"平台化、集成化、人性化"三大特性，实现业务流程、业务环境、应用集成、行业应用的配置。

（三）黄河颂歌——水净景美不断流

黄河是我国第二大河，与其他江河不同，黄河流域上中游地区的流域面积占总面积的97%；长达数百公里的黄河下游河床高于两岸地面，流域面积仅占3%。黄河在20世纪经历了下游频繁断流不入海的时期，在党中央的领导下，经过水利工作者和沿黄群众的不懈努力，结束了断流历史，奏响了经济社会持续发展与奔流不息到大海、水净景美的黄河颂歌。

1. 黄河频繁断流震惊海内外

新中国成立初期，黄河全河供水量约 74 亿立方米；20 世纪 60 年代中期以后，随着引黄灌溉面积扩大、城镇和工业发展，取用黄河水量不断增加；至 90 年代，全河供水量达 500 亿立方米（含地下水开采量 100 亿立方米）左右，供需矛盾日益尖锐，最突出的表现就是自 70 年代起黄河下游出现断流。

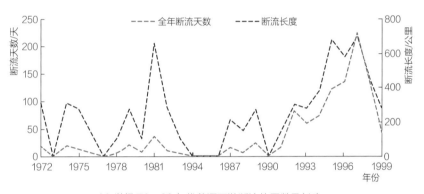

20 世纪 70—90 年代黄河下游断流的天数及长度

在 1972—1999 年的 28 年中，有 22 年出现断流，其中 90 年代几乎年年断流；1997 年，黄河下游断流甚至发展到河南开封附近，距入海口还有 108 公里的利津断面断流达 226 天；同时，在黄河 7 条天然径流量大于 10 亿立方米的支流中，有 5 条出现断流。

断流后的黄河下游河床

黄河频繁断流引起了党中央和国务院的高度重视。1998 年 12 月，国务院授权水利部黄河水利委员会（简称"黄委"）正式实施黄河水量统一调度，首开我国大江大河水量统一调度的先河。

2. 水量统一调度在探索中前行

分水方案和实时调度计划是黄河水量统一调度的基础。1987 年，以黄河多年平均天然径流量 580 亿立方米为基数，国务院将 370 亿立方米分配给沿黄省份使用，俗称"八七"分水方案。每年 10 月，根据骨干水库蓄水情况和未来径流预报结果，以"八七"分水方案为基础，按照"丰增枯减"的原则，确定各省下年度实际分水量，并在调度期内滚动修正各河段的逐日流量下泄过程。

黄河可供水量分配方案

省（自治区、直辖市）	青海	四川	甘肃	宁夏	内蒙古	陕西	山西	河南	山东	河北 / 天津	合计
年度可耗水量 / 亿立方米	14.1	0.4	30.4	40.0	58.6	38.0	43.1	55.4	70.0	20.0	370.0

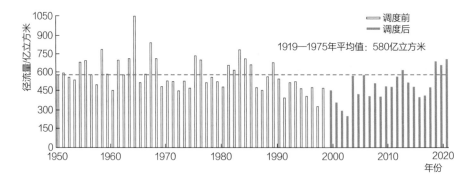

水量统一调度前后的黄河天然径流量变化

1999年3月1日，黄委发出了第一份调度指令，全线调度黄河干流龙羊峡、刘家峡、三门峡等水库按指令泄流，并派专员赴沿河一线跟踪督查，众多引水口门按计划有序引水，10天后黄河下游全线恢复过流。

2006年8月1日，国务院颁布了《黄河水量调度条例》，使黄河水量调度在空间和时间上得到延伸。

在实施水量统一调度初期，"黄河不断流"的标准仅为有水通过。2005年以后，黄委提出了黄河各河段的生态环境需水量及流量标准，并将其纳入《黄河流域综合规划》。通过不断探索，逐步形成了"国家统一分配水量，省（区）负责配水用水、用水总量和断面流量双控制，重要取水口和骨干水库统一调度"的流域水资源管理模式。

黄河水量总调度中心

3. 黄河水量统一调度成效卓越

一是实现了黄河干流连续21年不断流。自1999年8月起，黄河彻底摆脱了断流的困扰。特别是2000—2017年，在来水比20世纪90年代偏少2亿立方米的情况下，生态关键期4—6月的入海水量比20世纪90年代偏多 16.5 亿立方米，增加近 1 倍。

二是为流域经济社会发展提供了有力保障。统一调度以来，黄河流域累计供水 8300 多亿立方米，多次实施跨流域调水，实施了 7 次引黄济津、16 次引黄入冀、20 次引黄济青。山西、鄂尔多斯、陕北、宁东、陇东等国家重点能源基地和长庆油田、中原油田、胜利油田等持续得到黄河水的滋润，支撑了煤炭、电力、煤化工、石油等支柱产业迅猛发展。

三是流域生态环境持续改善。2008 年，黄委结合调水调沙启动了生态调度，有效促进了下游生态系统的改善。至 2020 年，黄河三角洲淡水湿地面积已恢复至 20 世纪 80 年代末的平均水平；三角洲自然保护区鸟类增加到 368 种，其中国家一级保护鸟类 12 种。

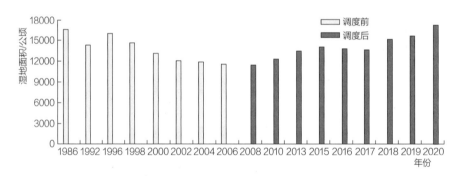

生态调度前后的黄河三角洲淡水湿地面积变化

生态调度后生机盎然的黄河三角洲湿地

（四）塔河治理——胡杨林里话春秋

塔里木河（简称"塔河"）是我国最长的内陆河，流域位于天山山脉以南，是环塔里木盆地的阿克苏河、喀什噶尔河、叶尔羌河、和田河、开都－孔雀河、迪那河、渭干河、克里雅河和车尔臣河等九大水系 144 条河流的总称。

俯瞰塔里木河

1. 不断劣变的塔里木河

塔里木河流域四周被高山环绕，降水稀少，蒸发强烈，生态环境极为脆弱。20 世纪 50 年代以来，随着人类活动的不断加剧，加上缺乏水资源的合理利用和有效保护，汇入塔里木河的水量不断减少，下游生态环境不断恶化。

1972 年起，塔里木河下游 360 多公里河道开始了近 30 年的断流，并呈向上游延伸的趋势。由于水资源开发利用工程布局不完善，流域管理机构对流域水资源不能有效实施统一调度、合理配置，流域生态环境不断恶化，胡杨林枯死，荒漠化加剧，河道两岸的河岸林草带快速萎缩，塔克拉玛干沙漠和库木塔格沙漠面临再次合拢的危险。

汇入塔里木河的水量不断减少，下游干涸河道

20 世纪 90 年代，塔里木河三源流（阿克苏河、叶尔羌河、和田河）山区来水比多年平均值偏多，但阿拉尔站年均径流量却由 46.9 亿立方米减少到 42 亿立方米；干流下游恰拉站的年均径流量从 20 世纪 60 年代的 12.4 亿立方米减少到 90 年代的 2.7 亿立方米。

塔里木河干流下游两岸胡杨林及植被大片死亡

20世纪90年代，塔里木河上中游胡杨林面积由20世纪50年代的600万亩减少到360万亩，下游两岸胡杨林由20世纪50年代的81万亩减少到11万亩。

1998年以来，随着国家西部大开发战略的实施，塔里木河流域的生态环境问题得到了党中央、国务院的高度关心和重视。2001年，国务院批复《塔里木河流域近期综合治理规划报告》，项目总投资107.39亿元。

塔里木河流域水利委员会和塔里木河流域管理局，负责流域水资源统一管理工作。2011年，原属各地州的阿克苏河、和田河、叶尔羌河、开都-孔雀河等管理机构，划归塔里木河流域管理局统一管理；2018年，黄水沟及莫尔提引水枢纽移交塔里木河流域管理局。新体制的建立，改变了源流各地管理、各自为政的局面，使流域水资源统一管理和调度等工作力度明显加强，为扭转流域内普遍存在的超限额、超计划用水、抢占挤占生态水等现象提供了有力支持。

2. 塔里木河治理成效显著

塔里木河综合治理实施以来，取得了显著成效，有效缓解了流域生态环境严重退化的被动局面。

一是基本实现了规划报告确定的节水、输水目标。通过完成《塔里木河流域近期综合治理规划报告》拟定的九大类工程项目，实现年节水27.22

亿立方米。阿拉尔断面在治理之前（1990—
2000 年），平均来水 41.87 亿立方米，治理
期间（2001—2011 年）平均来水量达 44.94
亿立方米，比 1990—2000 年平均来水量多
3.07 亿立方米；项目实施完成后（2012—
2020 年）平均来水量达到 47.60 亿立方米，

干流阿拉尔断面来水量	
1990—2000年	41.87亿立方米
2001—2011年	44.94亿立方米
2012—2020年	47.60亿立方米

塔里木河干流阿拉尔断面来水量

比规划目标 46.5 亿立方米多 1.1 亿立方米，超额完成了该断面下泄任务。

二是极大地改善了流域内水利基础设施条件。治理后，流域内源流的干
支两级渠系防渗率由 37.4% 提高到 51.4%；灌区渠系水利用系数由规划之
初的 0.4 提高到 0.49，流域各地控制、配置水资源的能力有效提升。

下坂地水库

下坂地水利枢纽电站厂房

博斯腾湖东泵站

塔里木河干流恰拉枢纽

低压管道灌溉工程

塔里木河干流输水堤防

综合治理规划实施以来，塔里木河流域内建成下坂地水利枢纽工程、博斯腾湖东泵站工程和河流拦河枢纽 6 座、输水堤 708 公里、生态闸 61 座、灌区干支渠道防渗 7173 公里，新打水源地机电井 2044 眼，新建高效节水耕地 44 万亩，改建平原水库 7 座，实现年节水量 27.22 亿立方米。

三是有效保护和修复了塔里木河干流下游生态环境。先后组织实施了 21 次向塔里木河下游生态输水，治理工程投入运行后，2012—2019 年间每年平均下泄 5.51 亿立方米，超过了规划报告确定的年均下泄 3.5 亿立方米生态水的任务。其中，水头 16 次到达台特玛湖，结束了塔里木河下游河道连续断流 30 年的历史，有效修复了塔里木河干流下游的生态环境。

治理后下游河道两岸植被恢复

下游植被恢复和改善的面积达 2285 平方公里，其中新增植被覆盖面积达 362 平方公里；沙地面积减少 854 平方公里；植物物种由 17 种增加到 46 种。

航拍台特玛湖恢复水面

曾干涸的台特玛湖水面面积一度达到 492 平方公里。由于输水以来常年保持有水，湖周形成了 223 平方公里的湿地。

塔里木河下游各监测断面地下水位出现逐步抬升的趋势。与生态输水初期 2000 年相比，2018 年阿拉干地下水监测断面在离河 50 米处地下水位抬升至 5.23 米，在离河 1050 米处地下水位抬升至 1.28 米。随着流域胡杨林区地下水位的持续抬升，林地、草地及水域面积增加，天然荒漠河岸林草长势好转，沙漠化继续扩张趋势得到有效控制。生态输水后，流域地下水水质得到明显改善。

3. 主要采取的措施

一是充分发挥流域依法管水治水职能，筑牢法治保障，制定了我国第一部地方性流域水资源管理法规。

二是水利工程补短板增速提质。山区控制性工程、重要工程等开工建设并相继完工，极大地改善了流域水利基础设施，提高了供水保证率。

新疆维吾尔自治区塔里木河流域水资源管理条例

1997 年，新疆维吾尔自治区颁布实施了我国第一部地方性流域水资源管理法规——《新疆维吾尔自治区塔里木河流域水资源管理条例》，并于 2005 年、2014 年进行了两次修订，目前已基本完成第三次修订稿的起草工作和立法后评估工作。

喀群引水枢纽

三是加强水资源统一管理和科学调度，源流与干流统筹兼顾，下泄水量得到保障。

四是以生态系统建设和保护为根本，流域生态环境不断改善。

五是大力推进农业高效节水。例如，沙雅县50万亩农业高效节

完成除险加固的艾里西引水枢纽

大石峡水利枢纽施工现场

向塔里木河下游及胡杨林保护区生态输水

自2016年开始连续5年在全流域组织实施胡杨林保护区生态输水。截至2020年，累计输水量达101.5亿立方米（含塔里木河下游生态输水），年均输水20.3亿立方米。2017—2020年，年均淹灌胡杨林面积285万亩，年均淹灌影响面积622万亩。

水增收试点项目，亩均用水从 2017 年的 550 立方米降低到 2020 年的 453
立方米，实际用水量比年度红线指标减少 500 万立方米。

六是加大科技创新力度，为流域管理提供科技支撑。

七是加强流域信息化建设。

沙雅县农业高效节水增收试点的
植保无人机正在打药

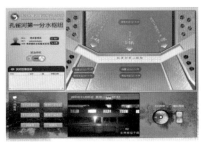

孔雀河第一分水枢纽远程视频监控系统

4. 未来治理计划

一是落实最严格的水资源管理制度，加强流域水资源统一管理。合理
规划人口、城市和产业发展，大力发展节水产业和技术，深入推进农业节
水工程建设，广泛开展全社会节水行动，全力推动用水方式由粗放向节约
集约转变。

二是加强重大规划和建设项目水资源论证，建立水资源承载能力监测预
警机制，健全用水计量、水量水质监测等监控体系。

三是针对河湖监管的短板，利用"天、地、人"一体化河湖动态监测技
术，建立完善以人工巡查为基础、高空云台定点监测为辅助、无人机随机巡
查为补充的河湖监测体系。

七、美丽水乡——现代水美工程

王浩院士讲现代
水美工程

全面实现饮水安全，让人民群众喝放心水，是实现"两不愁三保障"的重要内容，也是打赢脱贫攻坚战的一项光荣而艰巨的历史任务。几十年来，水利工作围绕农村饮水安全，实施农村饮水工程，缩短群众取水时间，提高供水质量，有效改善了农村居民生活条件。针对危害群众身体健康、阻碍群众生活环境改善的黑臭水体，开展流域综合治理，建设文明美丽的城市载体——海绵城市与地下水银行，从安全可靠到与自然和谐共处，再到智慧可控，扎实推进，取得令人惊喜的治理成绩。

（一）提质增效——农村饮水安全可靠

党中央、国务院高度重视农村饮水安全工作，截至 2020 年底，我国农村饮水安全问题得到全面解决，农村居民已能及时取得足量够用且安全的生活饮用水。

1. 农村供水发展历程

新中国成立以来，我国农村供水发展大体可以分成以下 5 个发展阶段：

第一阶段为 20 世纪 50—60 年代的自然发展阶段。这一阶段，国家重视以灌溉排水为重点的农田水利基本建设，结合"蓄、引、提"等灌溉工程建设，解决了一些地方人、畜的缺水问题。

第二阶段为 20 世纪 70—80 年代的农村饮水起步阶段。这一阶段，全国 29 个省（自治区、直辖市）掀起了建设农村供水工程的高潮，各地普遍对大口井和各种饮水设施进行了改善。改水工作明显控制了介水传染病的发病率，对一些地方病的防治也有很大作用。

第三阶段为 1990—2004 年的农村饮水解困阶段。20 世纪 90 年代，解决农村饮水困难被正式纳入国家重大规划。到 1999 年底，全国累计解决了约 2.16 亿人的农村饮水困难问题。从 2000 年到 2004 年，国家实施了饮水解困、氟砷改水、应急抗旱等农村饮水工程建设项目，解决了 6722 万农村人口的饮水问题。到 2004 年，我国农村的严重饮水困难问题基本得到解决。

农村学校通了自来水

第四阶段为 2005—2015 年的农村饮水安全阶段。国务院先后批准实施《2005—2006 年农村饮水安全应急工程规划》《全国农村饮水安全工程"十一五"规划》和《全国农村饮水安全工程"十二五"规划》，累

江西省上高县田心片区农村水厂

计解决了 5.2 亿多农村人口的饮水安全问题，我国农村长期存在的饮水不安全问题基本得到解决。

第五阶段为 2016—2020 年的农村饮水安全巩固提升阶段。"十三五"期间，中央补助主要用于解决贫困人口饮水安全问题，重点向贫困地区倾斜。截至 2020 年底，建档立卡贫困人口饮水安全问题得到全面解决，农村饮水安全脱贫攻坚任务如期完成，全国农村集中供水率达到 88%，自来水普及率达到 83%。

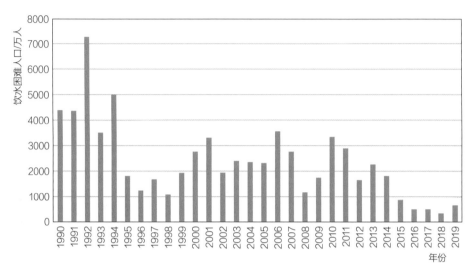

1990—2019 年全国因旱饮水困难人口变化图

浙江安吉农村安全饮水供水站

新疆伽师城乡安全饮水工程

2. 创新供水体制机制，保障农村供水安全

（1）推进城乡供水一体化发展

城乡供水一体化作为发展农村规模化集中供水的重要手段及供水发展的趋势，被看作我国农村供水发展的最高层次。通过实行统一规划、统一建设、统一管理、统一服务，实现城乡供水同网、同质、同服务，保障城乡居民饮水安全。

（2）创新工程建设机制体制

创新制定和完善农村供水工程规划、设计及建设相关规范和标准，强化建设管理，加强重点环节和施工过程质量管控，建立健全安全生产责任制。在相对欠发达地区，鼓励专业化公司或企业统筹全县（区）的规模化供水工程及小型集中供水工程，按照同一标准进行统一建设，并实行规范化运营管理，实现全县（区）工程建设与管理的城乡一体化。

（3）以水费收缴为抓手，创新工程运行管理机制

一是明晰产权，落实管理主体和责任。开展农村供水工程产权确权登记，核定城乡供水一体化工程、农村集中供水工程资产，开展农村供水工程产权确权。

二是落实责任主体，创新管护模式。因地制宜采用供水企业管理、县级水行政主管部门统一管理、乡镇供水站管理等方式，保障供水工程正常运行。千人以下供水工程，可采用"用水组织＋管水员"的管理模式。

三是全面建立合理水价机制。科学测算供水成本，建立分区分类定价制度；合理定价，平衡多方利益；配套完善计量设施、创新手段提升水费收缴率；落实各级财政补贴经费，建立补贴激励机制；通过建立农村供水水价改革试点区和示范工程，推动全国农村供水工程合理水价形成和水费收缴工

作；通过宣传及水价水费公示等，引导农村居民树立有偿用水意识和节约用水自觉性。

（4）创新农村供水水质保障机制

一是加强农村饮用水水源保护区（范围）的划定和治理，继续开展饮用水水源区或保护范围划定工作，将农村饮用水水源地保护工作纳入水源地环境保护专项行动范围。

二是强化净化消毒设施设备配套运行，发挥实效；进一步加强水质检测监测能力建设，健全水质卫生常规监测制度，完善农村供水水质检测监测体系。

三是以科技创新为动力，在提高供水水质、供水可靠性等方面取得进一步突破，建立面向现代化的农村供水水质保障技术体系。

（二）鸭鸣鸟唤——工业黑臭水体治理

通过实施全流域、全要素、全过程的综合治理，黑臭水体治理关键技术在实践中日益得到应用，并取得显著的社会经济效益。下面以深圳市坪山河治理工程为案例，进行流域综合治理前后的对比，给出黑臭水体治理的技术方案。

1. 治理前后对比

深圳市是我国最具经济活力的城市之一，坪山河流域是深圳"东进战略"的桥头堡。坪山河属东江流域，流域面积 129.4 平方公里，

深圳坪山河治理前

流域年均约30%供水量通过东江引水工程供给，面临水污染负荷强度大、水资源短缺、生态系统退化、内涝频发、防洪风险大、水景观与水文化缺失等多个突出问题，综合治理难度较大。

深圳坪山河治理效果

　　坪山河流域在综合治理过程中，以尽可能小的经济成本，建设流域综合治理的样板方案，取得了显著的社会经济效益。深圳市与惠州市的交接断面（上洋断面）水环境质量得到改善，坪山河上洋断面水质从劣Ⅴ类转变为Ⅳ类，坪山区99条小微黑臭水体已全面消除黑臭。

2. 治理技术及措施

　　中国水利水电科学研究院王浩院士项目组按照流域统筹、系统治理，以及水资源、水安全、水环境、水生态、水文化"五位一体"的工作方针，针对流域面临的突出水问题，从根本上构建健康的"自然－社会"水循环系统，保障流域水安全，修复流域水生态，打造了具有生态人文特质、示范引领作用以及辐射价值的生态海绵型流域综合治理典范。

（1）流域综合治理的思路

　　为实现流域水环境的根本性改善，流域综合治理的思路发生了根本性转变，提出了"一个根本目标＋八个方面转变"。

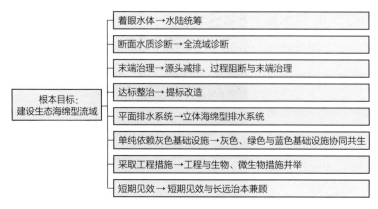

流域综合治理的思路转变

（2）流域综合治理的技术路线

在此基础上，系统提出了流域综合治理方案制定的层次化技术路线，以流域综合治理目标为导向，包括机理识别（问题辨识）、定量模拟（指标阈值）、流域规划（综合集成）、方案优化（效果评估）等4个层面的内容。

第一个层面是机理识别。流域水循环及其伴生过程机理的识别，是科学认识流域水安全问题的重要基础和前提。流域水循环大量、可靠信息的获取将与云计算、大数据等高新技术不断融合。

第二个层面是定量模拟。综合考虑流域时间、空间、过程、要素、措施等不同维度的参数特征，对流域水循环及其伴生过程进行定量模拟，评估不同措施所带来的效果与影响。着力体现变化环境下的不确定性，为水问题诊断、措施优选以及效果评估提供支撑。

第三个层面是流域规划。基于多方面专业知识，提出流域水污染防治与水质提升规划、面向生态环境提升的多水源水资源配置规划、流域防洪排涝安全保障规划以及流域水文化与水景观体系规划等多层面内容。

第四个层面是方案优化。在流域综合治理总体规划基础上，利用系统工程理论，综合权衡多种流域综合治理措施的科学性、经济性和可操作性，优化提出流域综合治理的推荐方案。

（3）流域综合治理的技术方案

在水环境治理方面，提出了"精准截污、分散调蓄、分布处理和就地回用"的技术方案。

坪山河流域的精准截污主要体现在污染源调查详细化、污染负荷削减指标定量化，以及污染削减措施精细化等方面。在综合治理中，进行了污染负荷全方位的平衡计算，提出了从源头减排、过程阻断、末端治理等全过程、精细化的流域污染治理措施。利用现代技术建立流域智慧水务系统，利用无人机对水体异常、杂物漂浮等开展实时监测，并通过云服务器24小时不间断向电脑端、手机端监控系统发送实时数据或报警提示。

分散调蓄是以分散式的调蓄设施代替集中的调蓄处理设施，在干流沿线以及支流河口新建碧岭、锦龙、汤坑等7座调蓄池，有效收集初期雨水，减少初期雨水溢流对河道的污染，同时起到减少占地、节省投资的作用。

分布处理实现了流域不同空间的差异化治理。坪山河流域新增分散型的小型污水处理站，即南布水质净化站和碧岭水质净化站，减少污水管网投资，便于生态补水。新增污水处理设施布置在规划的绿地中，采用全地下式污水处理站，上部依然为城市绿化，作为公共活动空间。

就地回用是采用"垂直流人工湿地群"技术，深度处理上洋污水处理厂尾水，通过建设的人工湿地群系统自然净化，使其达到地表水Ⅳ类标准后，就近回补河道，确保维持河道旱季水量。在保障社会经济用水的前提下，在坪山河流域中游建设再生水补水管网工程，增加河道生态水量，提升河流水环境容量。

（三）地下水银行——海绵流域文明建设

海绵城市倡导将更多雨水留在当地，统筹运用"渗、蓄、滞、净、用、排"六大类措施，促进城市雨水自然积存、自然渗透、自然净化，建设人水和谐的绿色、生态、宜居、韧性城市。

1. 为什么要建设海绵城市和海绵流域

改革开放 40 多年以来，我国经济社会发展进入了加速阶段，新型城镇化建设和高质量发展稳步推进。为适应城市排涝，一些河道的两岸及河底被硬化为"三面光"型。同时，城市人口大量聚集、工业化快速推进也导致排污超过城市水体纳污能力，"热岛效应""雨岛效应""浊岛效应"等城市环境效应开始出现，对居民生产生活产生负面影响。

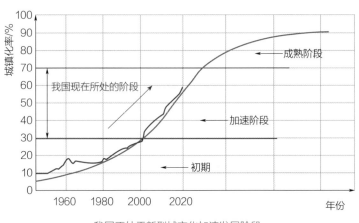

我国正处于新型城市化加速发展阶段

党和国家高度重视人民福祉和城市发展质量，针对城市发展中面临的缺水、内涝、水脏等难题，提出要建设自然积存、自然渗透、自然净化的海绵城市。2015 年和 2016 年，在全国分两批遴选了 30 个城市开展试点。试点结束后，经国家组织考核评估，海绵城市达到预期目标。当前，国家正在开展系统性、全域化海绵城市建设，将海绵城市理念贯彻到城市规划、建设、发展的各个环节和方面，取得显著效果。

海绵城市（小区）建设实景对比

典型海绵设施实景

2. 建设海绵城市的方法和技术

针对我国城市普遍存在的城市内涝、水体污染和缺水三类问题，海绵城市建设的基本科学内涵可以概括为：水量上要削峰、水质上要减污、雨水资源要利用。针对海绵城市的基本科学内涵，开展问题诊断和各类体系建设，最终实现城市涝水、污水、用水的"三平衡"。

海绵城市系统构建模式

海绵城市建设是一项系统工程，其核心是水，对象是城市。海绵城市系统构建模式的本质内涵是：在遵循城市自然产汇流科学规律的基础上，利用城市三维空间对降雨"化整为零"，进行多级收集、存储和利用，实现城市降雨的立体化分布式存蓄、利用和排放。

海绵城市建设示意图（图中数据为一般化概数）

海绵城市建设应该有针对性地采取以下三项途径：

一是排水防涝体系建设。遵循"源头控制、过程调节、末端排放"的总体思路，将雨洪控制在源头，从而减少地表积水。

海绵城市雨水径流"源头 - 过程 - 末端"处理系统

二是截流控污体系建设。遵循"源头减排、过程阻断、末端治理"的总体思路，主要通过两类方式实现城市污水净化：①通过植物和微生物等的生理作用；②通过人工污水处理系统。

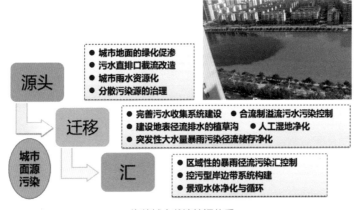

海绵城市截流控污体系

三是雨水利用体系建设。主要分为政策法规、工程设施、运维管理等三方面。需要处理好雨水资源与用户需求在时间、空间、水量和水质上的匹配性，注意分质供水，按需用水，确保用水安全，提高雨水资源使用效率。

海绵城市建设三项基本途径对应的具体措施及关键要点或技术如下表。

海绵城市建设三项基本途径及技术

途径	措施	关键要点或技术
排水防涝体系建设	源头控制	主要是加强"渗、蓄、滞",控雨洪于源头;关键技术措施有绿色屋顶、透水铺装、雨水花园、下沉式绿地等各种源头控制措施
	过程调节	主要有灰色设施调节、绿色设施调节和防洪排涝调度调节等;关键技术包括城市降雨实时预报、城市防洪排涝实时优化调度等技术
	末端排放	主要是排水能力建设,包括旧城区排水管网清淤改造、泵站设施建设,新建城区提高排水设施设计标准,以及深隧排水设施建设等方面
截流控污体系建设	源头减排	主要是减少污染源,包括关停并转高污染分散型小企业,改进生产工艺,调整经济结构等
	过程阻断	主要是通过对污水进行集中收集、截污纳管,切断污水向自然水体排放的通路,保证污水得到集中处理
	末端治理	主要是采用污水处理方法,对排入自然水体的污水进行处理,包括人工集中污水处理设施以及各种形式的绿色基础设施等
雨水利用体系建设	政策法规	包括一系列促进雨水资源收集的政策、法规、标准、体制及宣传措施等,其作用是促进居民"愿意用"雨水资源
	工程设施	包括一系列城市雨水资源收集装置,主要有家庭雨水收集装置、市政雨水利用设施和城市雨水调蓄工程等,主要作用是保证雨水"用得上"
	运维管理	包括雨水水量水质在线监测系统、多源用水调控方法、雨水资源水价调节机制,以及一支高效的雨水供用管理队伍,作用是保证雨水"有序用"

海绵城市建设的技术措施往往因地制宜,综合采用各类技术手段,概括起来主要有"渗、蓄、滞、净、用、排"六大类。

渗:通过采取多种措施,增强城市下垫面的透水性,从而减少地表积水。

蓄:通过有形的蓄水设施,或者发挥绿色基础设施自身的持水能力,将雨水蓄积起来,用于各类植物生长等。

滞:通过设置绿色屋顶、雨水花园、植草沟、生态滞留池和雨水花箱等绿色基础设施,使雨降到地面后在设施中多滞留。

净:充分利用自然生态系统的自净能力,同时修建人工污水处理设施净化污水,从而减少水体污染,改善城市水环境。

透水塑胶、透水混
凝土和透水铺装

雨水花园和植草沟

雨水罐与生物滞留带等组合运用蓄存雨水

用：海绵城市倡导雨水的资源化利用。城市暴雨洪水通过各种途径蓄滞并净化后，可以供道路浇洒、洗车、市政绿化等方面使用。

排：对于极端暴雨所致的洪水，当各种"渗、蓄、滞"措施都不足以应对城市雨洪时，必须通过排水措施将雨水排除，以减少内涝。

除此之外，海绵城市建设还涉及一些信息技术、管理技术等非工程措施方面的技术。通过对源头、过程、末端等各类技术的综合作用，实现海绵城市防涝、减污、用水的目标。

3. 地下水库——内陆干旱区集约用水新模式

以新疆为代表的西北干旱区，是我国水资源短缺最严重的地区之一。年平均降水量仅约为 150 毫米，仅为全国平均水平的 23%，而蒸发能力达到 1600 ~ 2200 毫米。为有效解决水资源危机，实现经济社会的可持续发展，新疆探索出了适合内陆干旱区的集约用水新模式。

（1）行水于地下——传统坎儿井技术新启迪

"坎儿井"是维吾尔语 "karez" 的音译，主要由竖井、暗渠、明渠三部分组成。坎儿井的主体——暗渠深埋地下，分两部分，前部分为地下廊道进水

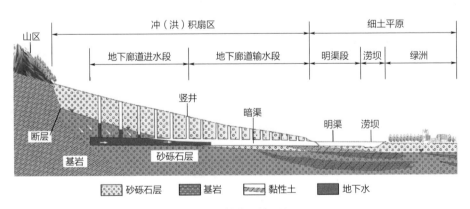

传统坎儿井典型剖面图

段，位于地下水位以下，起截引地下水的作用；后部分为地下廊道输水段，在地下水位以上，起到在地下输水的作用。

在调控水资源能力和手段较差的时期，坎儿井"行水地下"和"取水自流"的技术精华是一种理想的地下水利用模式，在今天看来仍不失为一种先进的工程方案，为寻求内陆干旱区集约用水的新方法和新工程提供了借鉴。但是，坎儿井也存在明显的缺陷，如出水流量小，难以满足社会经济发展对水资源的规模要求；流量无法控制、引用率低（不足 40%），灌溉高峰期流量不能增加，非灌溉季节不能关闭水量；

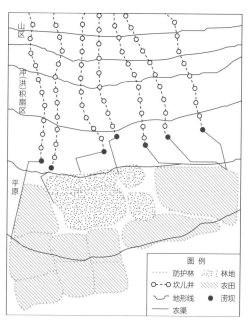

传统坎儿井及灌区平面布置图

位于吐鲁番市鄯善县连木沁镇阿格墩村的琼坎儿井，曾经是新疆最大的坎儿井，长 3300 米，竖井总数 151 眼，1950 年出流量为 0.28 立方米每秒，年径流量为 889 万立方米，灌溉面积达到 5000 多亩，曾为 2500 多人生产和生活提供水源。

开发利用水资源的过程中，没有采用主动回补地下水措施；构筑方法原始，暗渠的坍塌量大，维护较为困难。

（2）藏水于地下——干旱区集约用水新理念

新疆地下储水构造的储水量巨大，根据地矿部门的勘探资料，新疆主要的 61 处地下储水构造储水量高达 1 万亿立方米，是新疆河流年径流量的 12 倍。这些储水构造多位于人类主要活动区的中上部，含水层厚度大，富水性强，水质良好。因此，建设地下水库的条件十分优越。

2006 年以来，新疆利用得天独厚的储水构造，将尚未有效利用的洪水和冬闲水"藏于地下"；高效利用储水构造的调蓄功能，在平原区构筑地下水库，从根本上解决平原水库水面蒸发损失水量大、水库周边及下游地区土壤盐渍化问题；在连续枯水期，通过平原区地下水库的调蓄，实现灌区苦咸水的资源化利用。

（3）巧用储水构造——地下水库新技术

地下水库是指以岩石空隙为储水空间，在人工干预作用下形成的具有一定调蓄能力的水资源开发利用工程。阿尔泰山、天山和昆仑山，将新疆分为塔里木和准噶尔两大盆地，俗称"三山夹两盆"。盆地及周边发育有大量储水构造，如盆地储水构造、山间断陷盆地储水构造、山间凹陷储水构造、山前凹陷储水构造，山区由降水、冰雪融水汇流的河流成为这些地下储水构造的主要补给水源。

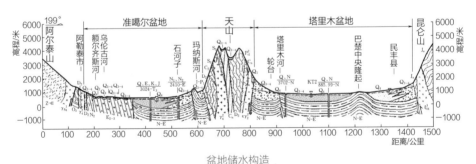

盆地储水构造

山间断陷盆地储水构造

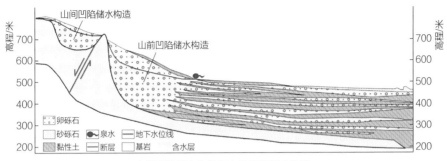

山间凹陷储水构造和山前凹陷储水构造

（4）新时代坎儿井——现代水利工程新形式

新时代坎儿井指的是坎儿井式地下水库工程，是一种现代水利工程的创新形式。它汲取了古老坎儿井的技术精髓，采用现代水利工程的构筑技术，建筑在山前凹陷带、山间凹陷带或现代河流的河床上。

新时代坎儿井传承了坎儿井的自流输水技术，利用干旱区河流纵坡大的特点，使地下水自流引入灌区；采用现代水利工程构筑技术中的辐射井、管井、辐射管式集水廊道，使出水流量得到了大幅度提高；采用闸、阀调节，

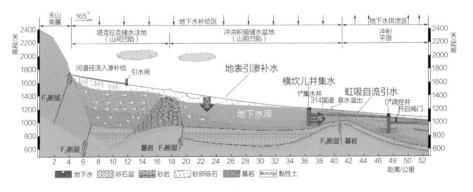

山前凹陷带地下水库构造及调控原理示意图

新疆温宿县台兰河坎儿井式地下水库示范工程，是首座建筑在山前冲洪积扇凹陷带的坎儿井式地下水库，2016年投入运行。工程年设计供水量1545万立方米，出水设计流量可在0～1.08立方米每秒之间调节，相当于一座具有613万立方米调节库容的地表水库。

使出水流量得到了精准控制；利用输水管道代替坎儿井的输水段，减少了渗漏损失，极大地缩短了工程工期。

（5）"地下生态水银行"——干旱区生态保护新模式

植被生长多依赖于稳定供给水源。对于干旱区内陆河荒漠河岸植被而言，降水稀少、蒸发强烈造成了浅层土壤水的匮乏和不稳定，变幅相对较小的地下水成为维系其生长的最主要水分来源。丰水年储水于地下，形成"地下生态水银行"，保障枯水年的生态需水，由此构建稳定的地下水生态修复平台。

地下水埋深对胡杨长势的影响

维持和恢复地下水位，成为实现荒漠河岸植被生态保护和恢复的关键途径。为此，在塔里木河下游开展了"地下生态水银行"的实践与示范。通过沟汊轮渗灌，即构建"双河道＋沟汊"的面状输水方式，在沟道和汊河形成先漫灌、再渗灌、后轮灌的适时、适量、适度的荒漠河岸植被轮渗灌溉方式。

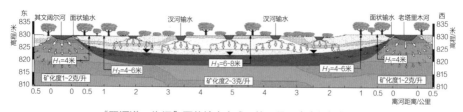

"双河道＋沟汊"面状输水方式下的干旱区生态保护新模式

这种灌溉方式可以在保障尾闾湖泊适宜湖面面积的条件下，将有限的生态水量最大限度地用于保护性植被和河岸生态系统的修复，实现下游生态输水定量化、制度化以及输水效益的最大化。结合塔里木河流域以往的相关成果，建立示范区并推广应用到流域相似区域，集成应用生态水调度技术、轮渗轮灌技术以及胡杨林生态保护与修复技术，打造干旱区流域生态保护与修复的成功样板。

（四）水利大数据——供、用、耗、排水更智慧

水利大数据建设旨在通过对数据间关系、规律、特征的挖掘，提炼出对人类有意义的信息，释放出数据的巨大潜在价值，为防汛、抗旱、水工程安全运行等水利行业管理提供决策支撑。

1. 智慧水利管理大数据平台建设情况

水利数据爆发式增长，基础设施建设稳步推进。初步建成了水利基础设施云，形成了异地数据灾备总体布局。水利部机关及其下属单位、流域管理机构、灾备中心、省级的网络实现全联通。

数据资源不断丰富，数据整合共享初显成效。整合了河流、测站、蓄滞洪区、水库、灌区等 55 类约 1100 万对象的基础信息数据库，以及水文、水资源、农村水利、水土保持等业务数据，建立元数据库与资源目录，初步建立了数据的横向和纵向共享机制。

数据应用支撑初具规模，应用支撑能力快速提高。建立一系列的应用支撑平台，通过"水利一张图""水利网格化划分""CA 认证""单点登录"等基础应用支撑平台建设，为全国水利业务应用服务提供了一定的支撑。

业务应用不断完善，数据分析功用崭露头角。水利业务应用系统逐步涵盖了全部水利业务领域，水利业务网络和视频会商系统基本覆盖了县级以上水利部门，建设了地市级以上水行政主管部门的防汛抗旱指挥系统和水资源管理系统，在防汛抗旱、水资源管理、水生态修复与保护等工作中发挥了重要作用。

网络安全保障提升，安防体系持续强健。省级以上水利部门已完成 263 个信息系统的定级备案工作。水利部机关政务外网根据业务及安全防护要求划分了不同区域，同时设 5 个网络边界出口。数据采集安全方面，通过身份认证进行用户权限控制；采用密钥管理，保证数据存储的安全性。通过简化用户与权限的管理，对业务平台进行访问保护。同时，将水利信息资源数据划分为机密数据、绝密数据、秘密数据、公开数据四种。

2. 玩转大数据，打造智慧水务新模式

（1）建设"空天地"立体大感知体系，打造水务万物互联平台

数据的获取是大数据分析的基础，"空天地"立体大感知体系的全面建立则是数据获取的基础。

深圳市智慧水务指挥中心的智慧水库平台于 2020 年底在西丽水库示范应用。平台构建的"天地"一体化感知网，采用现代监测手段，建成了覆盖水情、雨情、工情、水质、水生态、水库安防等一体化的监测网络。贵州省生产建设项目水土保持"天地"一体化监管及应用，自 2017 年以来，对全省生产建设活动实施全覆盖、高频次、高协同的信息化、智慧化监测。全国"空天地"一体化水利感知网即将建成，重要江河湖泊水文测站覆盖率和水库水雨情自动监测覆盖率均超过 95%，大中型水库安全监测覆盖率超过 90%，物联网、无人机、遥感技术得到全面应用。

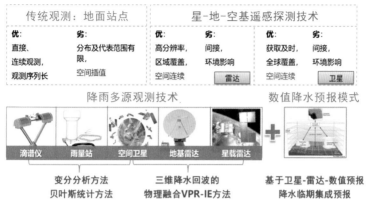

"空天地"一体化监测体系

（2）建设水务大数据共享体系，加强多部门多层级数据共享

建设国家／流域／省级水利数据资源目录服务系统，构建了水利数据共享服务机制，实现了对水利部、长江水利委员会、黄河水利委员会、淮河水利委员会、太湖流域管理局，以及湖北、江西等省级水利部门PB级（PB是数据存储容量的单位，它等于2的50次方个字节，或者在数值上约等于1000TB）数据的统一共享。围绕水利部机关水利和政务应用数据内容，整合形成了包含55类、约1100万水利对象的数据资源目录。实现了水利数据的精准发现和高效获取。预计到2025年，将建成功能强大的水务大数据中心。届时，大数据将在水利各业务领域得到全面深入应用。

（3）建设水务大数据分析体系，挖掘数据潜在价值

利用知识模型、知识服务和知识引擎等新技术，借助应用支撑平台和智慧使能平台，从水利数据模型服务、学习算法服务、机器认知服务、知识图谱服务中挖掘数据潜在价值，为专业用户提供高级信息产品。

福州市城市水系科学调度系统基于大数据和人工智能技术对历史调度样

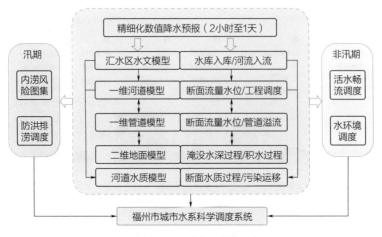

福州市城市水系科学调度模型体系

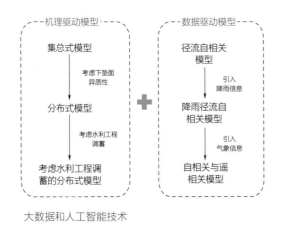

大数据和人工智能技术

本进行系统分析，构建了城市河道洪水模拟、内涝模拟和水质模拟模型，可实现未来 2 小时城市内涝、未来 24 小时河道洪水以及未来 3 天河道水质的精准预测，为城市水系联排联调打造了精准可靠的"大脑"，使数据发挥出应有价值。

（4）建设水务大数据服务体系，丰富水公共服务产品

城市水文预报预警公共服务体系基本建成，可提供全国范围洪水影响预报和风险预警产品，实现水情预报预警信息的定点精准推送。同时还建成国家级一体化水体验中心，实现水利行业政务服务事项"掌上办""指尖办"。

宁夏彭阳县开展"互联网＋农村供水"项目，解决了农村供水"最后

100米"难题，让19万城乡群众喝上了"同源、同网、同质、同价"的放心水，
实现了从"毛驴驮水"到"手机买水"的革命性转变。

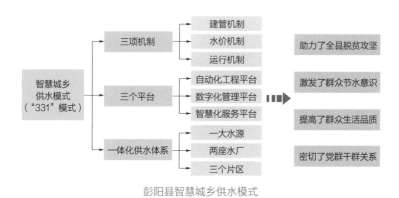

彭阳县智慧城乡供水模式

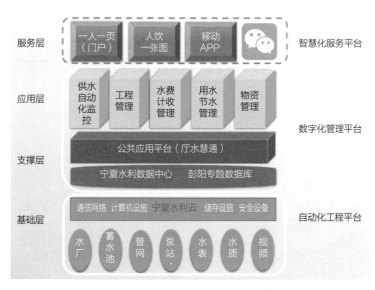

彭阳县"互联网＋农村供水"信息化框架

第三篇
智慧水利护航未来

　　我国地域广阔，水系多而复杂，水利工程点多、面广、种类多，水安全呈现出新老水问题相互交织的严峻形势，已无法满足人民日益增长的对江河安澜、供水安全、环境宜居、生态健康美好生活的向往。加强水系统治理、推进水利高质量发展，是我国水利发展的必然方向。传统水利已经难以满足专业化、精细化、智能化管理要求，必须构建智慧水利体系，应用云计算、物联网、大数据、人工智能、数字孪生等新一代信息技术，对水利对象及水利活动进行透彻感知、全面互联、智能应用、泛在服务，从而促进新时代水治理体系和治理能力现代化。智慧水利是满足水利改革发展需求的重要手段，是水利高质量发展的显著标志。

一、智慧水利是水治理现代化的必然趋势

云计算、物联网、大数据、移动互联网、人工智能等新一代信息技术与经济社会各领域不断深度融合，带来了生产力又一次质的飞跃。充分利用新一代信息技术驱动水利改革发展，不仅是推进国家水治理体系和治理能力现代化的必由之路，也是抢抓技术革命机遇、应对水利主要矛盾变化、补齐水利信息化短板、支撑水利行业强监管的有效途径。

（一）新阶段水利高质量发展对水利信息化提出新要求

高质量发展是在我国经济社会发展进入新阶段的战略背景下，为应对当前社会发展不平衡不充分的形势下提出的。作为重要的国民经济行业部门，水利的高质量发展，应该也必然是高质量发展总体战略中的重要版块和主要支撑。但我国面临的洪涝灾害的老问题仍有待解决，同时水资源短缺、水生态损害、水环境污染等新问题越来越突出、越来越紧迫。新老水问题相互交织，共同发生作用，使水利高质量发展目标的实现面临着严峻挑战。

党的十八大以来，党中央对网信工作做出一系列战略部署，不断推进理论创新和实践创新，提出一系列新思想、新观点、新论断，形成了网络强国战略思想。习近平总书记指出"没有网络安全就没有国家安全，没有信息化就没有现代化"。因此，进入新阶段后，水利的高质量发展要结合网络强国战略思想和把握新发展阶段、贯彻新发展理念、构建新发展格局的要求，以数字化和智能化驱动水利质量变革、效率变革和动力变革，推进水治理体系

和治理能力现代化，保障国家水安全和经济社会的持续健康发展。

　　智慧水利是网络强国思想在水利行业的具体体现，实际上是数字化、智能化融为一体的智慧化建设，是将数字技术与水利管理深度融合，推进水治理流程再造和模式优化，不断提高决策科学性和服务效率，以数字化转型整体驱动水治理方式变革。智慧水利与经济社会的发展和进步是一体的，在数字时代的大背景下，对水利高质量发展具有很强的标志性意义。

　　智慧水利是水利信息化发展的新阶段。党和政府高度重视智慧水利建设。2018 年中央一号文件明确提出实施智慧农业林业水利工程。2019 年，水利部印发《水利业务需求分析报告》《加快推进智慧水利指导意见》《智慧水利总体方案》《水利网信水平提升三年行动方案（2019—2021 年）》。2021 年，《中华人民共和国国民经济和社会发展第十四个五年规划和 2035 年远景目标纲要》提出构建智慧水利体系。人民对美好生活的向往以及水利高质量发展对水利信息化提出了更高要求，也带来了前所未有的机遇。

智慧水利发展背景

（二）新时代水利改革发展对水利信息化提出新需求

2014 年，党中央提出"节水优先、空间均衡、系统治理、两手发力"的治水思路，为加强水节约、强化水治理、保障水安全指明了方向。2018年，水利部结合我国水利实际，指出当前我国治水的主要矛盾，已经从人民对除水害兴水利的需求与水利工程能力不足之间的矛盾，转化为人民对水资源水生态水环境的需求与水利行业监管能力不足之间的矛盾；指出水利网信是水利工程四大短板之一，水利信息化被提到前所未有的高度。

（三）新一代信息技术发展给水利信息化带来新机遇

在新的历史起点上，水利信息化必须要抢抓发展机遇，探索转型升级，进入智慧水利的新发展阶段。当前，物联网、大数据、云计算、人工智能等新一代信息技术，构成了"四位一体"的大数据智能系统。但推进智慧水利建设，不仅是信息技术的广泛应用，而且是水利管理理念和方式的变革、发展模式的升级扩展。

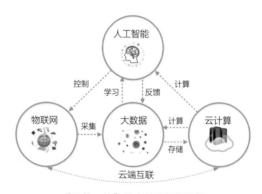

"四位一体"的大数据智能系统

二、推动智慧水利的基础以及面临的挑战

我国历来高度重视水利信息化建设，提出了以水利信息化带动水利现代化的总体要求。多年来，水利信息化建设取得了显著成效，但与支撑新时代水利现代化的要求还有较大差距。

（一）智慧水利建设已具有较好基础

一是规划起步早。2003 年，水利部正式印发的《全国水利信息化规划（"金水工程"规划）》，是我国第一部全国水利信息化规划。从"十一五"开始，水利信息化发展五年规划成为全国水利改革发展五年规划重要的专项规划。此外，水利部还印发了《水利信息化顶层设计》《水利信息化资源整合共享顶层设计》以及防汛抗旱、水资源管理、水土保持、农村水利等方面

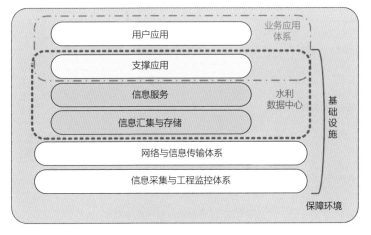

我国水利信息化综合体系基本构成

的技术指导文件，指导和引领水利信息化发展。

二是基础设施已初具规模。我国水利综合信息采集体系初步形成，水雨情、工情等各类信息采集点超过 20 万处，自动采集率达到 80% 以上。网络通信保障能力明显提高，全部省级、95% 地市级、76% 县级水利部门实现了业务网联通。计算存储方面，初步建成了水利基础设施云，并搭建了"异地三中心"的水利数据灾备总体布局。建立了水利视频会商系统，实现了流域机构和省、市、县三级地方水利部门基本覆盖，成为防汛抗旱、建设管理、水资源调度的重要平台。

三是业务应用深入推进。水利信息资源开发利用有效推进，建成数据库990 个。依托水利信息化重点工程建设，扩大了信息化范围，完善了业务应用，并不断向基层水利部门延伸。例如，通过国家防汛抗旱指挥系统工程、山洪灾害预警系统等项目建成了近 10 万个水雨情测报站点，形成覆盖全国

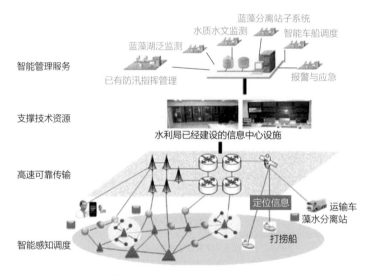

"感知太湖 智慧水利"系统整体架构

江苏省无锡市水利部门利用物联网技术，对太湖水质、蓝藻、湖泛等进行智能感知，实现蓝藻打捞、运输车船智能调度。

的水雨情、工情、旱情信息采集系统。

四是大数据、云计算等新技术已开始应用。水利部搭建了基础设施云，实现了计算、存储资源的池化管理和按需弹性服务，有力支撑了国家防汛抗旱指挥系统、国家水资源监控能力建设、水利财务管理信息系统等13个项目的快速部署和应用交付。

五是各地在智慧水利建设方面进行了有益探索。作为新型智慧城市部际联络工作组成员单位，水利部积极推进水利行业智慧水利建设。全国部分流域、地方也陆续开展了一些局部性、试点性的智慧水利建设工作。比较有代表性的实践有：浙江省现代水利示范区智慧水利平台、深圳坪山河干流智慧水务平台和山东省东营市智慧水务平台。

浙江省现代水利示范区智慧水利平台

（二）智慧水利建设面临的挑战

水利信息化工作近些年来虽然取得了显著成效，智慧水利建设进行了积极探索，但水利行业总体还处于智慧水利起步阶段，与推进国家水治理体系和治理能力现代化的需求相比，在以下几个方面存在较大差距。

一是透彻感知不够。感知覆盖范围和要素内容不全面，感知自动化、智能化程度低，通信保障能力不足。

二是信息基础设施不强。水利业务网传输能力不足，云计算能力不足，存储资源不够，备份保障能力不足。

三是信息资源开发利用不够。水利行业内部整合不够，建设成果"条块分割""相互封闭"；外部与环保、交通、自然资源等部门共享不足。

四是应用覆盖面和智能化水平不高。系统和业务融合不深入，创新能力不足，前沿信息技术应用水平不高，智能便捷的公共服务欠缺。

五是网络安全防护不足。网络安全等级保护建设仍有欠缺，信息系统尤其是工控系统安全防护体系不健全，威胁感知应急响应能力不足。

六是保障体系建设不够健全。数字化转型动力不足，体制机制不够健全，标准规范不够完善，资金投入不足，人才配置不充分，科技创新应用不足，运维体系不完善。

三、我国智慧水利的发展方向

智慧水利是全面提升我国治水能力现代化的重要抓手，以感知化、互联化、智能化为特征，以智慧化为目标，形成一个迭代升级、循序进化的生命体，从而保障持久水安全、优质水资源、宜居水环境、健康水生态的人水和谐的局面。未来智慧水利重点发展方向为：统筹推进水利立体感知工程，创新构建水利智慧大脑工程，分类实施水利综合体融合工程，集成研发智慧水利应用系统，强化构建水利网络安全体系。

（一）统筹推进水利立体感知工程

以增强行业监管与社会服务能力为导向，全面升级"采集—传输—管理—挖掘—应用"水信息网络系统，构建国家水利灵敏"神经"，实现系统监测、全面互联、广泛共享、有效支持。

一是构建天地协同的水利监测体系。扩大监测范围，完善河湖生态水文过程与要素，人工取、用、耗、排水过程及要素，水利工程全生命周期监测；升级监测手段，扩大在线监测、智能传感监测设备比例，推广卫星遥感、无人机监测应用，提升视频监视与智能识别、基于网络大数据的涉水社会行为感知能力。

二是构建全面互联的信息传输通道。扩大网络范围，提高网络带宽，增补冗余备份链路；加强水利工控网建设，完善工程现地控制、集中控制中心网与业务网的连接；完善网络基础环境，增强应急通信保障能力，加强新技

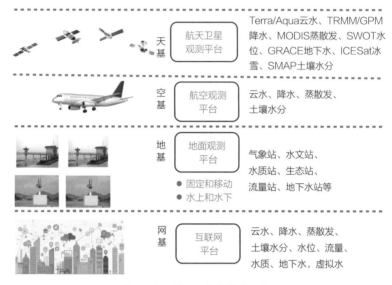

天基	航天卫星观测平台	Terra/Aqua云水、TRMM/GPM降水、MODIS蒸散发、SWOT水位、GRACE地下水、ICESat冰雪、SMAP土壤水分	
空基	航空观测平台	云水、降水、蒸散发、土壤水分	
地基	地面观测平台 ● 固定和移动 ● 水上和水下	气象站、水文站、水质站、生态站、流量站、地下水站等	
网基	互联网平台	云水、降水、蒸散发、土壤水分、水位、流量、水质、地下水，虚拟水	

"天 - 空 - 地 - 网"立体感知体系

术应用，实现智能运维，提升用户体验。

三是建设集成共享的数据汇集节点。推进水利大数据中心建设，实现全国水利数据资源统一管理、汇集共享、分析计算，支撑各类全国性业务智能应用和可视化表达；按统一标准建设各级数据汇集分节点，提升现地数据资

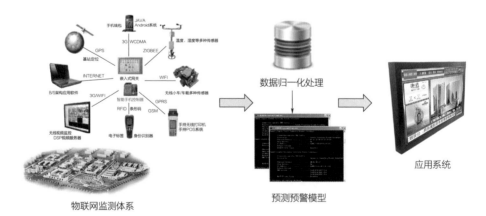

基于物联网的预测预警服务体系

源使用效率，优化水利数据资源布局，支撑全国性共享交换。

（二）创新构建水利智慧大脑工程

水利智慧大脑工程主要是由"一云一池两平台"构成。"一云"是水利云，"一池"是数据资源池，"两平台"是智慧使能平台和应用支撑平台。

一是水利云。水利云是云计算技术在水利领域的应用，通过公共云和专有云相结合的混合弹性架构，为水利大脑提供大规模存储和计算能力。水利云由国家、流域一级云节点和32个省级二级云节点共同构成。同时，在水利部一级云节点建设面向全国的遥感子云，在一级、二级云节点及现地构建多级联动的视频子云。

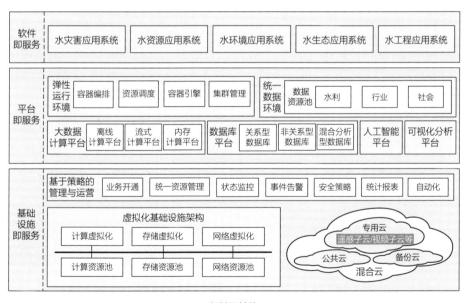

水利云结构

二是数据资源池。数据资源池是建立在水利云上的海量数据存储和管理体系。数据资源池汇集水利数据、其他行业数据和社会数据，经过数据融合、数据资产治理和数据标准服务，打通业务间数据壁垒，深度萃取数据价值，构建全域数据资源体系，从而降低计算存储成本、增长业务效率、大幅提升创新能力，为水利大脑提供思考与决策的数据基础。

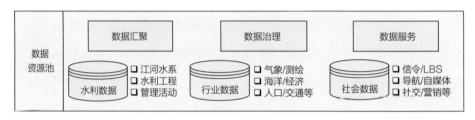

数据资源池结构

三是云服务支撑平台。建设智慧使能平台和应用支撑平台，完善水利模型库，建设学习算法库、机器认知库、知识图谱库；完善基础组件，构建水利网格化管理平台；完善水利一张图，为上层应用提供公共组件功能和应用运行基础，提供"算据＋算法＋算力"云服务，提升预测预报、工程调度和辅助决策支持能力。

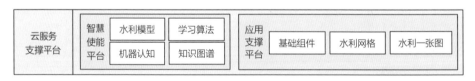

云服务支撑平台结构

在水利智慧大脑框架下，以三峡库区流域为对象，构建由大型复杂数值计算任务的云端、个性化简单计算功能的边缘端、基础数据处理能力的终端三个层次组成的"云边终"协同架构，部署具有相对独立功能的数据中心、模型中心、控制中心及服务中心，通过数据融合集成、多模型耦合高性能算法和"云边终"协同技术，开发了流域水资源、水环境、水生态（简称"三水"）智慧化管理云平台系统。

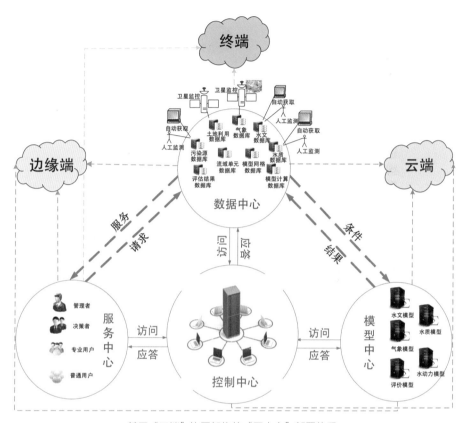

基于"三端"协同架构的"四中心"部署体系

　　云端是大规模的服务器集群空间,可按需灵活部署,动态可扩展能力强,在广域网或局域网内,通过分布式网络存储技术将硬件、软件、网络等资源统一起来,实现大体量的高效数据计算、存储、处理和分析任务。边缘端部署在各业务部门,如国家或流域水利部门等,是按各部门业务需求原则构建的小型个性化计算中心,可以分担云端计算与存储负载、降低网络时延并减小云端服务使用成本。云端协调各边缘端,实现全局整体最优。终端部署在数据采集现场,具备简单的基础数据处理能力,支持不同级别数据的直接获取并通过网络传输。

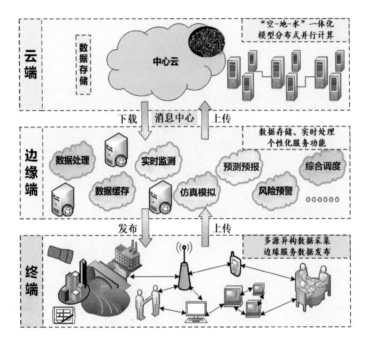

流域"三水"智慧化管理云平台架构

1."三端"协同架构

在云端部署基于流域"自然 - 社会"二元水循环理论的"空 - 地 - 水"一体化模型。为提高计算效率,实现全局最优,云端模型采用分布式并行算法。

边缘端按需部署在各业务部门,一方面获取终端上传的数据,实现该业务部门负责区域内的原始数据融合集成;另一方面接收云端产生的数据,进行任务沟通协调,满足预测预报、风险预警、优化配置、实时调度等个性化分类管理需求。

终端布设各式各类的传感器、移动设备和分级分部门的用户,结合物联网技术,进行气象、水利、生态环境、自然资源、农业、经济等多源异构数据采集和边缘服务数据发布,实现"三水"信息的立体感知、全面获取和定向输出。

2. 数据中心

数据中心负责完成数据的自动收集、抽取、清洗、转换与传输，实现对静态基底数据和动态过程数据的分类处理，以及模型运算数据的存储管理，为模型中心的计算分析和服务中心的服务发布提供数据支撑。数据中心采用了"三端"协同的分布式大数据融合集成技术，能够实现数据的智慧感知、即时处理、经济存储、高效传输及网络融合，为平台实现多元化功能提供气象、水文、水质、生态、社会、经济等基础数据来源。

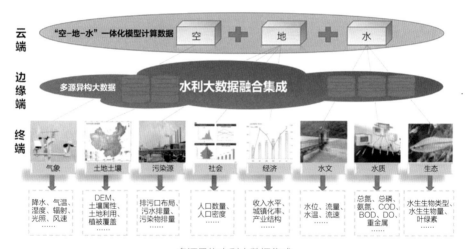

多源异构水利大数据集成

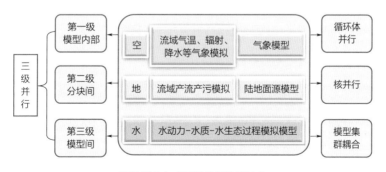

高性能分布式三级并行计算技术

3. 模型中心

模型中心依据控制中心指令，按需调用成套的模型条件节点与应用节点，在云端完成气象、水动力、水质和水生态等多模型耦合的并行计算，为决策分析提供支撑。

模型中心由双模型引擎驱动，一个是机理驱动的模型，如利用因果关系建立的专业模型，传统的气象模型、水动力模型、水质模型等；另一个是数据驱动的模型，常用的方法包括 BP 神经网络、随机森林等传统的机器学习方法，卷积神经网络、长短期记忆网络等深度学习方法，以及强化学习方法等。

4. 控制中心

控制中心具有两项功能：一项是管理平台运行流程，通过分配系统资源和监控系统运行来促进各中心协同合作、处理系统故障，快速有序地实现平台自动化和智慧化业务处理；另一项是通过数字孪生技术实现对物理水利和数字水利的双向控制。基于数字孪生可以产生"物理水利"的 3 个"孪生数字模型"：其一是同步的孪生数字模型；其二，在同步数字模型前，有一个超前的"四预"孪生模型；其三，在同步数字模型后，有一个实时控制效果的后评估模型。这些同步、异步模型之间，形成一个闭环控制，既有预警预报，又有后评估，还有供实时监测调控的同步模型。

5. 服务中心

服务中心负责发布和推送"三水"监测、预报和预警等服务信息，通过用户指令向控制中心发出访问请求，以满足不同客户对决策的信息形式响应、可视化反馈与业务操作等人机交互需求。

整合数据、模型、控制、服务四个中心的软硬件资源（即"四中心"联动），布置于云端－边缘端－终端的三层云架构中，将大体量多学科融合的数据模型和控制中心的宏观决策功能布设在云端，短历时重要数据模型和服务中心的边缘决策功能布设在边缘端，数据的原始采集与服务中心的最终服务发布在终端完成。边缘端作为云端与终端之间的媒介进行局部个性化的数据、

"三端"协同工作模式

模型与服务集总，通过选择性的消息传递、分发来减轻网络和云端的传输、计算负载，以简单的模型计算承担起数据集成预处理、数据结果后处理及业务服务定制的角色。基于"三端"协同和"四中心"联动的任务协同模式，应用模型耦合集成技术以及信息化平台的自我学习和修正技术，可以实现全流域的智慧感知、模拟仿真、计算、存储和网络资源统一调配及个性化功能服务发布。

基于"三端"协同和"四中心"联动云平台系统架构，可以支撑海量数据融合集成、复杂模型体系布设及其高性能并行计算，融合"三端"协同的工作模式，实现流域"三水"的高效智慧化管理。

（三）分类实施水利综合体融合工程

智慧水利综合体是由自然水系数字体、水利工程智能体、业务管理智慧体、智慧水利生命体组成的，能感知、会分析、善预测、自学习、智进化的

综合体系。

一是构建自然水系数字体。把流域装进电脑，形成"数字孪生体"，以数字化方式拷贝自然水系物理对象，模拟水流在现实环境中的轨迹，实现整个流域降水、蒸散发、下渗、产流、汇流过程及其物理、化学、生态伴生过程的虚拟化和数字化。

二是构建水利工程智能体。把工程装进电脑，融合现代信息技术，通过水利工程的信息化改造，建设智能大坝、智能水库、智能电站、智能堤防、智能闸站、智能泵站、智能渠道、智能管道、智能蓄滞洪区等。

三是构建业务管理智慧体。把人脑装进电脑，建设智慧水行政主管部门、智慧工程建设管理部门、智慧科技支撑部门、智慧水务事业部门等。

四是构建智慧水利生命体。综合集成自然水系数字体、水利工程智能体、业务管理智慧体等各类智能设施，在单元、区域、流域、国家四个层面打造全要素、一体化、多功能的智慧水利生命体。

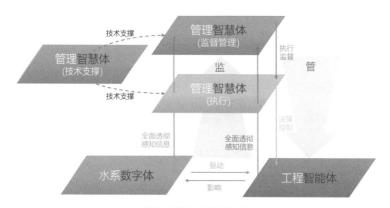

智慧水利生命体的构成

（四）集成研发智慧水利应用系统

智慧水利应用系统是针对不同水利业务管理需求，基于立体感知工程、水利智慧大脑工程和综合体融合工程建设基础，集成研发的多个应用系统。

一是水资源智能应用。以解决水资源短缺、水生态损害等突出问题为导向，在国家水资源监控能力建设项目、国家地下水监测工程等基础上，扩展业务功能、汇集涉水大数据、提升分析评价模型智能水平，构建水资源智能应用，支撑水资源开发利用、城乡供水、节约用水等业务。

二是水生态水环境智能应用。在全国河湖长制管理信息系统、水土保持监测信息系统等基础上，运用高分遥感数据解译分析、图像智能分析、大数据挖掘、边缘计算等技术，构建水生态水环境智能应用，支撑江河湖泊、水土保持等业务。

三是水灾害智能应用。在国家防汛抗旱指挥系统、中小河流水文测报系统等基础上，运用分布式洪水预报、区域干旱预测等水利专业模型，提高洪水预报能力，开展旱情监测分析，强化工程联合调度，构建水灾害智能应用，支撑防汛、抗旱等业务。

四是水工程智能应用。在水利安全生产监管信息系统、全国大型水库大坝安全监测监督平台等基础上，强化水利工程运行全过程监管，推进建设全流程管理，加强建设市场监管，构建水工程智能应用，支撑水利工程安全运行、水利工程建设等业务。

五是水监督智能应用。在水利安全生产监管信息系统、水利督查移动平台等基础上，推进行业监督与专业监督信息互通，分门别类建立问题台账，实现行业监督检查、安全生产监管、质量监督、项目稽察等业务工作的问题发现上报、筛选分类、情况核实、整改反馈、跟踪复查、责任追究、统计分析、预测决策等环节的全流程支撑，提升监督水平和处置效能。

六是水行政智能应用。围绕综合办公、规划计划、资产、财务、人事、移民与扶贫、标准化、科技等行政事务管理需求，以提升行政效能和决策支持能力为目标，采用自主可控技术路线，优化完善升级现有应用系统，构建水行政智能应用，实现水行政管理智慧化。

七是水公共服务智能应用。建设"互联网 + 水利政务"服务平台，形成精准化政务需求交互模式，建立用户行为感知系统、智能问答系统，创新优化智能服务应用，构建个性化水信息服务、动态水指数服务、数字水体验服务、水智能问答服务、一站式水政务服务，全面提升管水治水服务水平和社会公众感水知水能力、节水护水素养。

八是综合决策智能应用。横向打通水利各业务智能应用，利用多源融合、纵横联动、共享服务的水利大数据，运用水利大脑的学习算法库、机器认知库、知识图谱、水利模型库等提供的智能支撑能力，通过多业务联动的大数据分析与计算，构建综合决策智能应用。

九是综合运维智能应用。优化完善现有运维系统，利用大数据、AI、VR 等技术，构建一体化综合运维智能应用，实现运维对象、运维人员、运维流程全覆盖，以及运维状态可视化、预警精准化、处置自动化。

（五）强化构建水利网络安全体系

一是完善网络安全技术体系。依据国家相关法律法规，结合水利行业实际，完善基础安全、统一安全服务、安全数据采集，形成系统网络安全纵深防御基础，提升纵深防御能力。建立威胁感知预警系统，提升监测预警能力。

构建集中安全管理控制平台、应急决策指挥系统，实现安全威胁事件应急响应准备、检测、控制、恢复等全过程管理，提升应急响应能力。

二是完善网络安全管理体系。建立由制度、规范、流程和规程构成的网络安全管理制度标准体系，覆盖网络安全组织管理、人员管理、建设管理、运维管理、应急响应和监督检查等各项工作，为网络安全管理提供依据和行为准则。

三是完善网络安全运营体系。依托网络安全技术体系，依据网络安全管理体系，开展日常威胁预测、威胁防护、持续检测、响应处置等网络安全运营工作，形成闭环安全运营体系，充分发挥人在网络安全中的主体地位，对安全威胁事件进行综合研判、及时处置，不断对闭环安全运营体系进行优化，有效保障网络安全技术、管理要求落地。

参考文献

[1] 丁留谦，郭良，刘昌军，等. 我国山洪灾害防治技术进展与展望 [J]. 中国防汛抗旱，2020，30（Z1）：11-17.

[2] 尚全民，吴泽斌，何秉顺. 我国山洪灾害防治建设成就 [J]. 中国防汛抗旱，2020，30（Z1）：1-4.

[3] 郭良，丁留谦，孙东亚，等. 中国山洪灾害防御关键技术 [J]. 水利学报，2018，49（9）：1123-1136.

[4] 孙东亚，郭良，匡尚富，等. 我国山洪灾害防治理论技术体系的形成与发展 [J]. 中国防汛抗旱，2020，30（Z1）：5-10.

[5] 吕娟，苏志诚，屈艳萍. 抗旱减灾研究回顾与展望 [J]. 中国水利水电科学研究院学报，2018，16（5）：437-441.

[6] 吕娟. 我国干旱问题及干旱灾害管理思路转变 [J]. 中国水利，2013（8）：7-13.

[7] 屈艳萍，高辉，吕娟，等. 基于区域灾害系统论的中国农业旱灾风险评估 [J]. 水利学报，2015，46（8）：30-39.

[8] 国家防汛抗旱总指挥部办公室. 防汛抗旱专业干部培训教材 [M]. 北京：中国水利水电出版社，2010.

[9] 李匡，刘舒，等. 梯级水电站洪水预报调度系统 [M]. 北京：中国水利水电出版社，2020.

[10] 蔡阳 . 智慧水利建设现状分析与发展思考 [J]. 水利信息化，2018（4）：1-6.

[11] 王建华，赵红莉，冶运涛 . 智能水网工程：驱动中国水治理现代化的引擎 [J]. 水利学报，2018，49（9）：1148-1157.

[12] 蒋云钟，冶运涛，王浩 . 智慧流域及其应用前景 [J]. 系统工程理论与实践，2011，31（6）：1174-1181.

[13] 蒋云钟，冶运涛，王浩 . 基于物联网的河湖水系连通水质水量智能调控及应急处置系统研究 [J]. 系统工程理论与实践，2014，34（7）：1895-1903.

[14] 蒋云钟，冶运涛，赵红莉，等 . 水利大数据研究现状与展望 [J]. 水力发电学报，2020，39（10）：1-32.

[15] 蒋云钟，冶运涛，赵红莉 . 智慧水利大数据内涵特征、基础架构和标准体系研究 [J]. 水利信息化，2019（4）：6-19.

[16] 冶运涛，蒋云钟，梁犁丽，等 . 智慧水利大数据理论与方法 [M]. 北京：科学出版社，2020.

[17] 冶运涛，蒋云钟，赵红莉，等 . 智慧流域理论、方法与技术 [M]. 北京：中国水利水电出版社，2020.

[18]《中国南水北调工程建设年鉴》编纂委员会 . 中国南水北调工程建设年鉴 2018[M]. 北京：中国电力出版社，2019.

[19] 甘泓，汪林，曹寅白，等 . 海河流域水循环多维整体调控模式与阈值 [J]. 科学通报，2013，58（12）：1085-1100.

[20] 桑学锋，王浩，王建华，等 . 水资源综合模拟与调配模型 WAS（Ⅰ）：模型原理与构建 [J]. 水利学报，2018，49（12）：1451-1459.

[21] 王浩，游进军.中国水资源配置 30 年 [J]. 水利学报，2016，47（3）：265-271，282.

[22] 王浩，秦大庸，王建华.流域水资源规划的系统观与方法论 [J]. 水利学报，2002，33（8）：1 - 6.

[23] 游进军，甘泓.水资源系统模拟技术与方法 [M]. 北京：中国水利水电出版社，2013.

[24] 曹寅白，甘泓，汪林，等.海河流域水循环多维临界整体调控阈值与模式研究 [M]. 北京：科学出版社，2012.

[25] 张芳.中国古代灌溉工程技术史 [M]. 太原：山西教育出版社，2009.

[26] 中华人民共和国水利部.中国水利统计年鉴 2020[M]. 北京：中国水利水电出版社，2020.

[27] 李久生，栗岩峰，王军，等.微灌在中国：历史、现状和未来 [J]. 水利学报，2016，47（3）：372-381.

[28] 欧阳志云，徐卫华，肖燚，等.中国生态系统格局、质量、服务与演变 [M]. 北京：科学出版社，2017.

[29] 许迪，李益农.精细地面灌溉技术体系及其研究的进展 [J]. 水利学报，2007，38（5）：529-537.

[30] 李益农，张宝忠，白美健，等.数字灌区建设理念与实施路径 [J]. 水利发展研究，2020（12）：5-8.

[31] 黄艳.面向生态环境保护的三峡水库调度实践与展望 [J]. 人民长江，2018，49（13）：1-8.

[32] 陈敏.长江流域水库群联合调度实践的分析与思考 [J]. 中国防汛抗旱，2017，27（1）：40-44.

[33] 陈致远 . 2013—2017 年三峡工程综合效益调研 [J]. 中国防汛抗旱，2017，27（6）：83-84.

[34] 黄小锋，纪昌明，黄海涛，等 . 新形势下的水库调度自动化系统建设 [J]. 水力发电，2010，36（1）：100-102.

[35] 郭生练，李雨，陈炯宏 . 巨型水库群防洪发电联合优化调度研究与应用 [J]. 水资源研究，2012，1（1）：1-6.

[36] 王浩，王旭，雷晓辉，等 . 梯级水库群联合调度关键技术发展历程与展望 [J]. 水利学报，2019，50（1）：25-37.

[37] 王忠静，王光谦，王建华，等 . 基于水联网及智慧水利提高水资源效能 [J]. 水利水电技术，2013，44（1）：1-6.

[38] 田雨，蒋云钟，杨明祥 . 智慧水务建设的基础及发展战略研究 [J]. 中国水利，2014（20）：14-17.

[39] 张建云，刘九夫，金君良 . 关于智慧水利的认识与思考 [J]. 水利水运工程学报，2019，178（6）：1-7.

[40] 艾萍，岳兆新 . 近期全国水利信息化研究与实践成果综述——中国水利学会水利信息化专业委员会 2013 学术年会论文评述 [J]. 水利信息化，2013（5）：1-4.

[41] 张文科 . 基于"互联网＋"的城乡供水一体化建管服模式改革探讨——以彭阳县智慧人饮工程为例 [J]. 水利水电快报，2020，41（10）：80-83.

[42] 褚俊英，王浩，周祖昊，等 . 流域综合治理方案制定的基本理论及技术框架 [J]. 水资源保护，2020，36（1）：18-24.

[43] 褚俊英，王浩，蒋云钟，等. 治水提质"坪山模式"分析 [J]. 中国水利，2020（22）：19-20，27.

[44] 孙玉田，高清飞 . 700MW 级全空冷水轮发电机的设计与运行 // 水力发电技术国际会议论文集 [C]. 中国水力发电工程学会，2009.

[45] 余小波 . 东方电机水电机组从"中国制造"走向"中国创造"[J]. 东方电机，2014，42（3）：60-66.

[46] 吴伟章 . 大型水电机组核心技术在哈电的发展 // 第二届水力发电技术国际会议论文集 [C]. 中国水力发电工程学会，2008.

[47] 李菊根，雷定演，邴凤山，等 . 我国水电科技创新与进步综述 [J]. 水力发电，2013，39（1）：1-4.

[48] 李毅军 . 百万千瓦水电机组"心脏"的诞生 [J]. 电力设备管理，2020（6）：197-198.

[49] 贺元 . 水电设备制造国产化现状与发展前景 [J]. 金属加工（冷加工），2012（13）：8-13.